数学（第四册）

学习指导用书

第十四章 常用逻辑用语

14.1 命题及其关系

知识要点

命题的概念,真假命题,四种命题之间的关系.

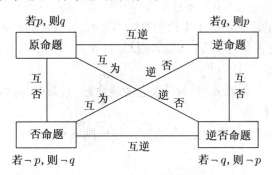

四种命题之间真假性的关系.

原命题	逆命题	否命题	逆否命题
真	真	真	真
真	假	假	真
假	真	真	假
假	假	假	假

课时训练

一、基础训练

1. 下列有关命题中,正确命题的序号是_____.

① 命题"若 $x^2=1$,则 $x=1$"的否命题为"若 $x^2=1$,则 $x\neq1$".

② 命题"$\exists x\in\mathbf{R},x^2+x-1<0$"的否定是"$\forall x\in\mathbf{R},x^2+x-1>0$".

③ 命题"若 $x=y$,则 $\sin x=\sin y$"的逆否命题是假命题.

④ 若"p 或 q 为真命题",则 p,q 至少有一个为真命题."

2. 给出下列四个命题,其中真命题有_____.

① "若 $xy=1$,则 x,y 互为倒数"的逆命题.

② "面积相等的三角形全等"的否命题.

③ "若 $m\leqslant1$,则 $x^2-2x+m=0$ 有实数解"的逆否命题.

④ "若事件 A 发生的概率为 0,则事件 A 是不可能事件"的逆否命题.

3. 若命题 p 的否命题为 r,命题 r 的逆命题为 s,则 s 是 p 的逆命题 t 的_____命题.

4. 若"a、b 都是偶数,则 $a+b$ 是偶数"的逆否命题是_____.

5. 在下列四个命题中:

① 命题"若 $xy=1$,则 x,y 互为倒数"的逆命题.

② 命题"若两个三角形面积相等,则它们全等"的否命题.

③ 命题"若 $x+y\neq3$,则 $x\neq1$ 或 $y\neq2$".

④ 命题"$\exists x\in\mathbf{R},4x^2-4x+1\leqslant0$"的否定.

其中真命题有_____(填写序号).

6. 命题"到圆心的距离不等于半径的直线不是圆的切线"的逆否命题是_____.

7. 已知命题 p 的否命题是"若 $A\nsubseteq B$,则 $C_UA\cap C_UB=C_UB$",写出命题 p 的逆否命题是_____.

8. 已知命题"若 $a>b$,则 $ac^2>bc^2$"及它的逆命题、否命题、逆否命题,在这四个命题中假命题有_____个.

9. 已知 a、b、c 是三个非零向量,命题"若 $a=b$,则 $a\cdot c=b\cdot c$"的逆命题是_____命题(填"真"或"假").

二、综合运用

10. 下列命题:

① 已知 m,n 表示两条不同的直线,α,β 表示两个不同的平面,并且 $m\perp\alpha,n\subset\beta$,则"$\alpha\perp\beta$"是"$m/\!/n$"的必要不充分条件.

② 不存在 $x\in(0,1)$,使不等式成立 $\log_2x<\log_3x$.

③ "若 $am^2<bm^2$,则 $a<b$"的逆命题为真命题.

④ $\forall\theta\in\mathbf{R}$,函数 $f(x)=\sin(2x+\theta)$ 都不是偶函数.

正确的命题序号是_____.

11. 下列四种说法

① 在 $\triangle ABC$ 中,若 $\angle A>\angle B$,则 $\sin A>\sin B$.

② 等差数列 $\{a_n\}$ 中,a_1,a_3,a_4 成等比数列,则公比为 $\dfrac{1}{2}$.

③ 已知 $a>0,b>0,a+b=1$,则 $\dfrac{2}{a}+\dfrac{3}{b}$ 的最小值为 $5+2\sqrt{6}$.

④ 在 $\triangle ABC$ 中,已知 $\dfrac{a}{\cos A}=\dfrac{b}{\cos B}=\dfrac{c}{\cos C}$,则 $\angle A=60°$.

正确的序号有_____.

12. 给出下列命题:

① 若 $|a+b|=|a|-|b|$，则存在实数 λ，使得 $b=\lambda a$.

② $a=\log_{\frac{1}{3}}2,b=\log_{\frac{1}{2}}3,c=\left(\frac{1}{3}\right)^{0.5}$ 大小关系是 $c>a>b$.

③ 已知直线 $l_1:ax+3y-1=0,l_2:x+by+1=0$，则 $l_1\perp l_2$ 的充要条件是 $\frac{a}{b}=-3$.

④ 已知 $a>0,b>0$，函数 $y=2ae^x+b$ 的图像过点 $(0,1)$，则 $\frac{1}{a}+\frac{1}{b}$ 的最小值是 $4\sqrt{2}$.

其中正确命题的序号是_____（把你认为正确的序号都填上）.

14.2　充分条件与必要条件

知识要点

一般地，"若 p，则 q"为真命题，是指由 p 通过推理可以得出 q. 这时，我们就说，由 p 可推出 q，记作 $p\Rightarrow q$，并且说 p 是 q 的充分条件，q 是 p 的必要条件.

如果 $p\Leftrightarrow q$，那么 p 与 q 互为充要条件.

课时训练

一、基础训练

1. "$x=2$"是"$(x-1)(x-2)=0$"的（　　）.
　A. 充分不必要条件　　　　　　B. 必要不充分条件
　C. 充要条件　　　　　　　　　D. 非充分非必要条件

2. 在△ABC中，$p:a>b,q:\angle BAC>\angle ABC$，则 p 是 q 的（　　）.
　A. 充分不必要条件　　　　　　B. 必要不充分条件
　C. 充要条件　　　　　　　　　D. 非充分非必要条件

3. "p 或 q 是假命题"是"非 p 为真命题"的（　　）.
　A. 充分而不必要条件　　　　　B. 必要而不充分条件
　C. 充要条件　　　　　　　　　D. 既不充分也不必要条件

4. 若非空集合 $M\subsetneqq N$，则"$a\in M$ 或 $a\in N$"是"$a\in M\cap N$"的（　　）.
　A. 充分而不必要条件　　　　　B. 必要而不充分条件
　C. 充要条件　　　　　　　　　D. 既不充分也不必要条件
（提示："$a\in M$ 或 $a\in N$"不一定有"$a\in M\cap N$"）

5. 对任意的实数 a,b,c，下列命题是真命题的是（　　）.
　A. "$ac>bc$"是"$a>b$"的必要条件　　　B. "$ac=bc$"是"$a=b$"的必要条件
　C. "$ac<bc$"是"$a>b$"的充分条件　　　D. "$ac=bc$"是"$a=b$"的必要条件

6. 若条件 $p:|x+1|\leqslant 4$，条件 $q:2<x<3$，则 $\neg q$ 是 $\neg p$ 的（　　）.
　A. 充分不必要条件　　　　　　B. 必要不充分条件

C. 充要条件　　　　　　　　　　D. 非充分非必要条件

7. 若非空集合 A,B,C 满足 $A\cup B=C$，且 B 不是 A 的子集，则（　　）.

　　A. "$x\in C$"是"$x\in A$"的充分条件但不是必要条件

　　B. "$x\in C$"是"$x\in A$"的必要条件但不是充分条件

　　C. "$x\in C$"是"$x\in A$"的充要条件

　　D. "$x\in C$"既不是"$x\in A$"的充分条件也不是"$x\in A$"必要条件

8. 对于实数 x,y，满足 $p:x+y\neq 3$，$q:x\neq 2$ 或 $y\neq 1$，则 p 是 q 的（　　）.

　　A. 充分而不必要条件　　　　　　B. 必要而不充分条件

　　C. 充分必要条件　　　　　　　　D. 既不充分也不必要条件

9. 从"$\Rightarrow$""$\Leftrightarrow$""$\nRightarrow$"中选出恰当的符号进行填空.

（1）$a>5$ _____ $a>2$.

（2）四边形的四边相等 _____ 四边形是正方形.

（3）$a<b$ _____ $\dfrac{a}{b}<1$.

（4）数 a 能被 6 整除 _____ 数 a 能被 3 整除.

10. 条件"$p:|x|>1$，条件 $q:x<-2$，则 $\neg p$ 是 $\neg q$ 的 _____ 条件.

11. 设集合 $A=\{x|x^2+x-6=0\}$，$B=\{x|mx+1=0\}$，则 $B\subsetneqq A$ 的一个充分不必要条件是 _____.

二、综合运用

12. 指出下列各组命题中，p 是 q 的什么条件（充分而不必要条件、必要而不充分条件、充分条件、既不充分也不必要条件）.

（1）p:△ABC 有两个角相等；q:△ABC 是正三角形；

（2）$p:\dfrac{f(-x)}{f(x)}=1$，$q:y=f(x)$ 是偶函数.

13. 已知集合 $P=\{x||x-1|>2\}$，$S=\{x|x^2+(a+1)x+a<0\}$. 若"$x\in P$"的充要条件是"$x\in S$"，求 a 的值.

14.3 简单的逻辑联结词

略

14.4 全称量词与存在量词

知识要点 ▶

1. 命题的真假判断.

p	q	$p \wedge q$	$p \vee q$	$\neg p$
真	真			
真	假			
假	真			
假	假			

2. 全称量词和存在量词.

(1) 全称量词有:所有的,任意一个,任给,…,用符号"$\forall$"表示.

存在量词有:存在一个,至少一个,有些,…,用符号"$\exists$"表示.

(2) 含有全称量词的命题,叫作_____;"对 M 中任意一个 x,有 $p(x)$ 成立"可用符号简记为:_____.

(3) 含有存在量词的命题,叫作特称命题;"存在 M 中的元素 x_0,使 $p(x_0)$ 成立"可用符号简记为:_____.

3. 含有一个量词的命题的否定.

命题	命题的否定
$\forall x \in M, p(x)$	
$\exists x_0 \in M, p(x_0)$	

4. 常见词语的否定形式.

常见词语的否定形式有:

原语句	是	都是	$>$	至少有一个	至多有一个	对任意 $x \in M$ 使 $p(x)$ 真
否定形式	不是	不都是	$\leqslant$	一个也没有	至少有两个	存在 $x_0 \in M$ 使 $p(x_0)$ 假

课时训练 ▶

一、基础训练

1. 已知命题 p：“$\exists x_0 \in \mathbf{R}$，使 $\sin x_0 = \dfrac{\sqrt{5}}{2}$”；命题 q：“$\forall x \in \mathbf{R}$，都有 $x^2 + x + 1 > 0$”；下列结论中正确的是(   ).

  A. 命题“$p \wedge q$”是真命题   B. 命题“$p \wedge \neg q$”是真命题

  C. 命题“$\neg p \wedge q$”是真命题   D. 命题“$\neg p \vee \neg q$”是假命题

2. 下列说法不正确的是(   ).

  A. 命题“若 $x^2 - 3x + 2 = 0$，则 $x = 1$”的逆否命题为：“若 $x \neq 1$，则 $x^2 - 3x + 2 \neq 0$”

  B. “$x > 1$”是“$|x| > 1$”的充分不必要条件

  C. 若 p 且 q 为假命题，则 p、q 均为假命题

  D. 命题 p：“$\exists x_0 \in \mathbf{R}$，使得 $x_0^2 + x_0 + 1 < 0$”，则 $\neg p$：“$\forall x \in \mathbf{R}$，均有 $x^2 + x + 1 \geqslant 0$”

3. 下列命题中，真命题是(   ).

  A. $\exists x_0 \in \mathbf{R}$，$\sin x_0 + \cos x_0 = 1.5$ B. $\forall x \in (0, \pi)$，$\sin x > \cos x$

  C. $\exists x_0 \in \mathbf{R}$，$x_0^2 + 2x_0 = -3$ D. $\forall x \in (0, +\infty)$，$e^x > 1 + x$

4. 如果命题“$\neg p$ 或 $\neg q$”是假命题，则下列各结论中，正确的为(   ).

  ① 命题“$p \wedge q$”是真命题.

  ② 命题“$p \wedge q$”是假命题.

  ③ 命题“$p \vee q$”是真命题.

  ④ 命题“$p \vee q$”是假命题.

  A. ①③   B. ②④   C. ②③   D. ①④

5. 命题“$\forall x \in \mathbf{R}$，$x^2 - 2x + 4 \leqslant 0$”的否定为(   ).

  A. 不存在 $x \in \mathbf{R}$，$x^2 - 2x + 4 \leqslant 0$ B. 存在 $x \in \mathbf{R}$，$x^2 - 2x + 4 \leqslant 0$

  C. 存在 $x \in \mathbf{R}$，$x^2 - 2x + 4 > 0$ D. 对任意的 $x \in \mathbf{R}$，$x^2 - 2x + 4 > 0$

6. 命题“存在 $x_0 \in \mathbf{R}$，$2^{x_0} \leqslant 0$”的否定是(   ).

  A. 不存在 $x_0 \in \mathbf{R}$，$2^{x_0} > 0$ B. 存在 $x_0 \in \mathbf{R}$，$2^{x_0} \geqslant 0$

  C. 对任意的 $x \in \mathbf{R}$，$2^x \leqslant 0$ D. 对任意的 $x \in \mathbf{R}$，$2^x > 0$

7. “$p \vee q$”为真命题是“$p \wedge q$”为真命题的(   ).

  A. 充分不必要条件   B. 必要不充分条件

  C. 充要条件   D. 既不充分也不必要条件

8. 设结论 p：$|x| > 1$，结论 q：$x < -2$，则 $\neg p$ 是 $\neg q$ 的(   ).

  A. 充分不必要条件   B. 必要不充分条件

  C. 充要条件   D. 既不充分也不必要条件

9. 已知命题 p：$\exists m \in \mathbf{R}$，$m + 1 \leqslant 0$，命题 q：$\forall x \in \mathbf{R}$，$x^2 + mx + 1 > 0$ 恒成立，若 $p \wedge q$ 为假命题，实数 m 的取值范围是(   ).

  A. $m \geqslant 2$ B. $m \leqslant -2$

  C. $m \leqslant -2$ 或 $m \geqslant 2$ D. $-2 \leqslant m \leqslant 2$

二、综合运用

10. 已知命题:"$\exists x_0 \in [1,2]$,使 $x_0{}^2 + 2x_0 + a \geqslant 0$"为真命题,则实数 a 的取值范围是_____.

11. 已知命题 p:"$\forall x \in [1,2]$,$x^2 - a \geqslant 0$";命题 q:"$\exists x_0 \in \mathbf{R}$,使得 $x_0{}^2 + (a-1)x_0 + 1 < 0$";若 $p \vee q$ 为真,$p \wedge q$ 为假,求实数 a 的取值范围.

综合测试

1. 设 p:方程 $x^2 + 2mx + 1 = 0$ 有两个不相等的正根;q:方程 $x^2 + 2(m-2)x - 3m + 10 = 0$ 无实根. 则使 $p \vee q$ 为真,$p \wedge q$ 为假的实数 m 的取值范围是_____.

2. 有下列命题:

① 终边相同的角的同名三角函数的值相等.

② 终边不同的角的同名三角函数的值不等.

③ 若 $\sin\alpha > 0$,则 α 是第一,二象限的角.

④ 若 $\sin\alpha = \sin\beta$,则 $\alpha = 2k\pi + \beta, k \in \mathbf{Z}$.

⑤ 已知 α 为第二象限的角,则 $\dfrac{\alpha}{2}$ 为第一象限的角. 其中正确命题的序号有_____.

3. 命题"已知 a, x 为实数,若关于 x 的不等式 $x^2 + (2a+1)x + a^2 + 2 \leqslant 0$ 的解集不是空集,则"$a \geqslant 1$"的逆否命题是_____命题.(填"真"或"假")

4. 给出下列命题:

① 命题"若 $b^2 - 4ac < 0$,则方程 $ax^2 + bx + c = 0 (a \neq 0)$ 无实根"的否命题.

② 命题"$\triangle ABC$ 中,$AB = BC = CA$,那么 $\triangle ABC$ 为等边三角形"的逆命题.

③ 命题"若 $a > b > 0$,则 $\sqrt[3]{a} > \sqrt[3]{b} > 0$"的逆否命题.

④ "若 $m > 1$,则 $mx^2 - 2(m+1)x + (m-3) > 0$ 的解集为 $\mathbf{R}$"的逆命题.

其中真命题的序号为_____.

5. 设 a, b, c 表示三条直线,α, β 表示两个平面,则下列命题中否命题成立的是_____.

(1) $c \perp \alpha$,若 $c \perp \beta$,则 $\alpha \parallel \beta$.

(2) $b \subset \alpha, c \not\subset \alpha$,若 $c \parallel \alpha$,则 $b \parallel c$.

(3) $b \subset \beta, c$ 是 a 在 β 内的射影,若 $b \perp c$,则 $b \perp a$.

(4) $b \subset \beta$,若 $b \perp \alpha$,则 $\beta \perp \alpha$.

6. "$-4<k<0$"是"函数 $y=x^2-kx-k$ 的值恒为正值"的(　　).

    A. 充分不必要条件　　　　　　　　　B. 必要不充分条件

    C. 充要条件　　　　　　　　　　　　D. 既不充分也不必要条件

7. 已知条件 $p:t\neq 2$,条件 $q:t^2\neq 4$,则 p 是 q 的(　　).

    A. 充分不必要条件　　　　　　　　　B. 必要不充分条件

    C. 充要条件　　　　　　　　　　　　D. 既不充分也不必要条件

8. "$a=2$"是"函数 $f(x)=x^2+ax+1$ 在区间 $[-1,+\infty)$ 上为增函数"的(　　).

    A. 充分不必要条件　　　　　　　　　B. 必要不充分条件

    C. 充要条件　　　　　　　　　　　　D. 既不充分也不必要条件

9. 命题 p:在 $\triangle ABC$ 中,$\angle C>\angle B$ 是 $\sin C>\sin B$ 的充分不必要条件;命题 $q:a>b$ 是 $ac^2>bc^2$ 的必要不充分条件,则下列命题为真命题的是(　　).

    A. $p\vee(\neg q)$　　　　B. $p\wedge(\neg q)$　　　　C. $(\neg p)\wedge q$　　　　D. $(\neg p)\wedge(\neg q)$

11. 已知命题"$\forall x\in\mathbf{R},x^2-5x+\dfrac{15}{2}a>0$"的否定为假命题,则实数 a 的取值范围是

_____.

12. 已知命题 p:关于 x 的不等式 $x^2+(a-1)x+a^2\leqslant 0$ 的解集为 $\varnothing$;命题 q:函数 $y=(2a^2-a)^x$ 为增函数,若"$p\vee q$"为真命题,则实数 a 的取值范围是_____.

13. 已知命题 $p:\begin{cases}x+2\geqslant 0,\\ x-10\leqslant 0,\end{cases}$ 命题 $q:1-m\leqslant x\leqslant 1+m,m>0$. 若 $\neg p$ 是 $\neg q$ 的必要而不充分条件,求实数 m 的取值范围.

14. 方程 $ax^2+(2a+3)x+1-a=0$ 有一个正根和一个负根的充要条件是什么?

15. 已知命题 p:方程 $2x^2+ax-a^2=0$ 在 $[-1,1]$ 上有解;命题 q:只有一个实数 x_0 满足不等式 $x_0^2+2ax_0+2a\leqslant 0$,若命题"$p$ 或 q"是假命题,求实数 a 的取值范围.

第十五章　统　计

15.1　随机抽样

知识要点 ▶

1. 抽样方法比较.

类别	共同点	各自特点	相互联系	适用范围
简单随机抽样	抽样过程中每个个体被抽取的概率相等	从总体中逐个抽取	无	总体中的个数较少
系统抽样		将总体均分成几部分,按事先确定的规则分别在各部分中抽取	在起始部分抽样时采用简单随机抽样	总体中的个数较多
分层抽样		将总体分成几层,分层进行抽取	各层抽样时采用简单随机抽样或系统抽样	总体由差异明显的几部分组成

2. 频率分布表和频率分布直方图的绘制.

课时训练 ▶

一、基础训练

1. 在一次歌手大奖赛上,五位评委为某歌手打出的分数如下:9.4,8.4,9.9,9.6,9.5,去掉一个最高分和一个最低分后,所剩数据的平均值和方差分别为(　　).

　　A. 9.4,0.02　　　　B. 9.4,0.0067　　　　C. 9.5,0.0067　　　　D. 9.5,0.02

2. 样本 4,2,1,0,−2 的标准差是(　　).

　　A. 1　　　　　　　B. 2　　　　　　　　C. 4　　　　　　　　D. $2\sqrt{5}$

3. 某次考试有 70000 名学生参加,为了了解这 70000 名考生的数学成绩,从中抽取 1000 名考生的数学成绩进行统计分析,在这个问题中,有以下四种说法:

(1) 1000 名考生是总体的一个样本.

(2) 1000 名考生数学成绩的平均数是总体平均数.

(3) 70000 名考生是总体.

(4) 样本容量是 1000.

其中正确的说法有（   ）.

    A. 1 种   B. 2 种   C. 3 种   D. 4 种

4. 体育彩票 000001～100000 编号中,凡彩票号码最后三位数为 345 的中一等奖,采用的抽样方法是（   ）.

    A. 简单随机抽样法   B. 系统抽样法

    C. 分层抽样法   D. 以上都不正确

5. (1) 某学校为了了解 2010 年高考数学科的考试成绩,在高考后对 1200 名学生进行抽样调查,其中文科 400 名考生,理科 600 名考生,艺术和体育类考生共 200 名,从中抽取 120 名考生作为样本.(2) 从 10 名家长中抽取 3 名参加座谈会. Ⅰ. 简单随机抽样法; Ⅱ. 系统抽样法; Ⅲ. 分层抽样法.

问题与方法配对正确的是（   ）.

    A. (1) Ⅲ,(2) Ⅰ   B. (1) Ⅰ,(2) Ⅱ

    C. (1) Ⅱ,(2) Ⅲ   D. (1) Ⅲ,(2) Ⅱ

6. 为了检查某超市货架上的奶粉是否含有三聚氰胺,要从编号依次为 1 到 50 的袋装奶粉中抽取 5 袋进行检验,用每部分选取的号码间隔一样的系统抽样方法确定所选取的 5 袋奶粉的编号可能是（   ）.

    A. 5,10,15,20,25   B. 2,4,8,16,32

    C. 1,2,3,4,5   D. 7,17,27,37,47

7. 甲校有 3600 名学生,乙校有 5400 名学生,丙校有 1800 名学生. 为统计三校学生某方面的情况,计划采用分层抽样法,抽取一个容量为 90 的样本,应该在这三校分别抽取的学生人数是（   ）.

    A. 30,30,30   B. 30,45,15   C. 20,30,10   D. 30,50,10

8. 某校有老师 200 人,男学生 1200 人,女学生 1000 人. 现用分层抽样的方法从所有师生中抽取一个容量为 n 的样本;已知从女学生中抽取的人数为 80 人,则 $n=$（   ）.

    A. 160   B. 192   C. 185   D. 200

9. 一个容量为 20 的样本,已知某组的频率为 0.25,则该组的频数为（   ）.

    A. 2   B. 5

    C. 15   D. 80

10. 200 辆汽车通过某一段公路时的时速频率分布直方图如右图所示,则时速在 $[50,60)$ 的汽车大约有_____辆.

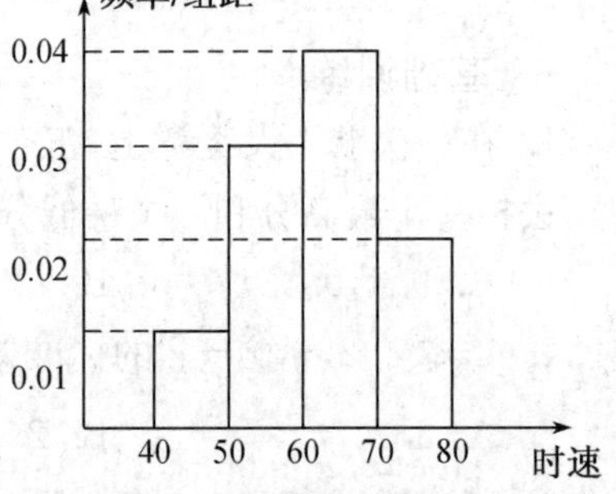

第 10 题图

二、综合运用

11. 已知一组数 x_1,x_2,x_3,x_4,x_5 的平均数是 2, 方差是 $\dfrac{1}{3}$,那么另一组数据 $3x_1-2,3x_2-2,3x_3-2,3x_4-2,3x_5-2$ 的平均数和方差分别是（   ）.

    A. $2,\dfrac{1}{3}$ B. $2,1$ C. $4,\dfrac{2}{3}$ D. $4,3$

12. 对总数为 N 的一批零件抽取一个容量为 30 的样本,若每个零件被抽到的概率为 0.25,则 N 的值为( ).

    A. 120   B. 200   C. 150   D. 100

13. 随机抽取 100 名学生,测得他们的身高(单位:cm)按照区间 155,160),160,165),…,180,185)分组,得到样本身高的频率分布直方图(如下图).

（1）求频率分布直方图中的 x 值及身高在 170 cm 以上的学生人数;

（2）将身高在 $[170,175)$,$[175,180)$,$[180,185)$ 区间内的学生依次记为 A,B,C 三组,用分层抽样的方法从这三组中抽取 6 人,则从这三组分别抽取的人数为＿＿＿＿.

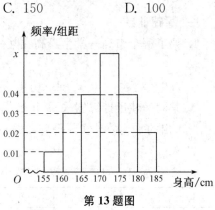

第 13 题图

14. 某部门计划对某路段进行限速,为调查限速 60 km/h 是否合理,对通过该路段的 500 辆汽车的车速进行检测,将所得数据按 $[40,50)$,$[50,60)$,$[60,70)$,$[70,80)$ 分组,绘制成如图所示的频率分布直方图.则这 500 辆汽车中车速低于限速的汽车有＿＿＿＿＿辆.

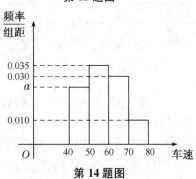

第 14 题图

15.2 用样本估计总体

知识要点 ▶

进一步巩固基础知识,学会用样本估计总体的思想、方法.提高学生分析问题和解决实际应用问题的能力.

用样本的频率分布估计总体分布:

1. 求极差

2. 决定组距与组数

3. 将数据分组

4. 列频率分布表

5. 画频率分布直方图

茎叶图的使用.

用样本的数字特征估计总体的数字特征:众数、中数、平均数、标准差.

课时训练

一、基础训练

1. 要了解全市高一学生身高在某一范围的学生所占比例的大小,需知道相应样本的( ).

　　A. 平均数　　　　　B. 方差　　　　　C. 众数　　　　　D. 频率分布

2. 某同学使用计算器求 30 个数据的平均数时,错将其中一个数据 105 输入为 15,那么由此求出的平均数与实际平均数的差等于( ).

　　A. 3.5　　　　　B. -3　　　　　C. 3　　　　　D. -0.5

3. 容量为 100 的样本数据,按从小到大的顺序分为 8 组,如下表:

组号	1	2	3	4	5	6	7	8
频数	10	13	x	14	15	13	12	9

第三组的频数和频率分别是( ).

　　A. 14 和 0.14　　　　　B. 0.14 和 14　　　　　C. $\frac{1}{14}$ 和 0.14　　　　　D. $\frac{1}{3}$ 和 $\frac{1}{14}$

4. 某中学高三(2)班甲、乙两名同学自高中以来每次考试成绩的茎叶图如图,下列说法正确的是( ).

　　A. 乙同学比甲同学发挥稳定,且平均成绩也比甲同学高

　　B. 乙同学比甲同学发挥稳定,但平均成绩不如甲同学高

　　C. 甲同学比乙同学发挥稳定,且平均成绩比乙同学高

　　D. 甲同学比乙同学发挥稳定,但平均成绩不如乙同学高

```
       甲            乙
              5 │ 6
       6  5  1 │ 7 │ 9
    9  8  6  1 │ 8 │ 3  6  7  8
       5  4  1 │ 9 │ 3  8  8  9  9
          7 │ 10 │ 1  3
```

第 4 题图

5. 一个社会调查机构就某地居民的月收入调查了 10000 人,并根据所得数据画了样本的频率分布直方图(如图).为了分析居民的收入与年龄、学历、职业等方面的关系,要从这 10000 中再用分层抽样方法抽出 100 人做进一步调查,则在 $[2500,3000]$(元)/月收入段应抽出的人数为( ).

第 5 题图

　　A. 20　　　　　B. 25　　　　　C. 40　　　　　D. 50

6. 一组数据的平均数是 4.8,方差是 3.6,若将这组数据中的每一个数据都加上 60,得到一组新数据,则所得新数据的平均数和方差分别是(　　　).

    A. 55.2,3.6　　　　B. 55.2,56.4　　　　C. 64.8,63.6　　　　D. 64.8,3.6

7. 一容量为 20 的样本,其频率分布直方图如图所示,样本在 $[30,60)$ 上的频率为(　　　).

    A. 0.75　　　　B. 0.65

    C. 0.8　　　　D. 0.9

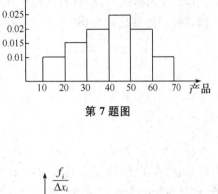

第 7 题图

8. 甲、乙两种冬小麦试验品种连续 5 年的平均单位面积产量如下(单位:t/km²),

品种	第 1 年	第 2 年	第 3 年	第 4 年	第 5 年
甲	9.8	9.9	10.1	10	10.2
乙	9.4	10.3	10.8	9.7	9.8

其中产量比较稳定的小麦品种是(　　　).

    A. 甲　　　　　　　　B. 乙

    C. 稳定性相同　　　　D. 无法确定

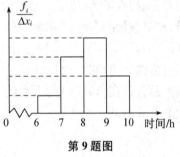

9. 某地区为了解中学生的日平均睡眠时间(单位:h),随机选择了 n 位中学生进行调查,根据所得数据画出样本的频率分布直方图如图所示,且从左到右的第 1 个、第 4 个、第 2 个、第 3 个小长方形的面积依次相差 0.1,又第一小组的频数是 10,则 $n=$ _____.

第 9 题图

10. 潮州统计局就某地居民的月收入调查了 10000 人,并根据所得数据画出了样本的频率分布直方图(每个分组包括左端点,不包括右端点,如第一组表示收入在 $[1000,1500)$.

    (1) 求居民月收入在 $[3000,3500)$ 的频率;

    (2) 根据频率分布直方图算出样本数据的中位数;

    (3) 为了分析居民的收入与年龄、职业等方面的关系,必须按月收入再从这 10000 人中用分层抽样方法抽出 100 人做进一步分析,则月收入在 $[2500,3000)$ 的这段应抽多少人?

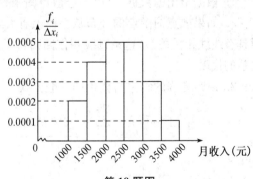

第 10 题图

二、综合运用

11. 对甲、乙两名自行车赛手在相同条件下进行了 6 次测试,测得他们的最大速度

(单位:m/s)的数据如下.

| 甲 | 27 | 38 | 30 | 37 | 35 | 31 |
| 乙 | 33 | 29 | 38 | 34 | 28 | 36 |

（1）画出茎叶图，由茎叶图你能获得哪些信息？

（2）分别求出甲、乙两名自行车赛手最大速度(m/s)数据的平均数、极差、方差，并判断选谁参加比赛比较合适？

12. 为了调查某厂工人生产某种产品的能力，随机抽查了 20 位工人某天生产该产品的数量，产品数量的分组区间为 $[45,55)$，$[55,65)$，$[65,75)$，$[75,85)$，$[85,95)$. 由此得到频率分布直方图如图，则由此估计该厂工人一天生产该产品数量在 $[55,70)$ 的人数约占该厂工人总数的百分率是_____.

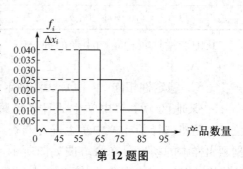

第 12 题图

15.3 相关关系

知识要点

1. 根据给出的数据，可以通过散点图来直观分析变量之间的相关关系.

2. 如果散点图中点的分布从整体上看大致在一条直线附近，我们就称这两个变量之间具有线性相关关系，这条直线叫作回归直线，这条直线可以作为两个变量具有线性相关关系的代表.

3. 回归方程的斜率与截距的一般公式

$$\begin{cases} b = \dfrac{\sum\limits_{i=1}^{n}(x_i - \bar{x})(y_i - \bar{y})}{\sum\limits_{i=1}^{n}(x_i - \bar{x})^2} = \dfrac{\sum\limits_{i=1}^{n}x_i y_i - n\bar{x}\,\bar{y}}{\sum\limits_{i=1}^{n}x_i^2 - n\bar{x}^2}, \\ a = \bar{y} - b\bar{x}. \end{cases}$$

其中，b 是回归方程的斜率，a 是截距.

4. 统计中用相关系数 r 来衡量两个变量之间线性关系的强弱. 若相应于变量 x 的取值 x_i，变量 y 的观测值为 $y_i (1 \leqslant i \leqslant n)$，则两个变量的相关系数的计算公式为

$$r = \frac{\sum\limits_{i=1}^{n}(x_i - \bar{x})(y_i - \bar{y})}{\sqrt{\sum\limits_{i=1}^{n}(x_i - \bar{x})^2 \sum\limits_{j=1}^{n}(y_i - \bar{y})^2}}$$

课时训练 ▶

一、基础训练

1. 下列两个变量之间的关系,哪个不是函数关系( ).

　　A. 匀速行驶车辆的行驶距离与时间

　　B. 角度和它的正弦值

　　C. 等腰直角三角形的腰长与面积

　　D. 在一定年龄段内,人的年龄与身高

2. 下列有关线性回归的说法,不正确的是( ).

　　A. 变量取值一定时,因变量的取值带有一定随机性的两个变量之间的关系叫作相关关系

　　B. 在平面直角坐标系中用描点的方法得到表示具有相关关系的两个变量的一组数据的图形叫作散点图

　　C. 回归方程最能代表观测值 x、y 之间的线性关系

　　D. 任何一组观测值都能得到具有代表意义的回归方程

3. 工人月工资(元)依劳动生产率(千元)变化的回归方程为 $\hat{y} = 60 + 90x$,下列判断正确的是( ).

　　A. 劳动生产率为 1 千元时,工资为 50 元

　　B. 劳动生产率提高 1 千元时,工资提高 150 元

　　C. 劳动生产率提高 1 千元时,工资约提高 90 元

　　D. 劳动生产率为 1 千元时,工资为 90 元

4. 已知 x 与 y 之间的几组数据如下表:

x	1	2	3	4	5	6
y	0	2	1	3	3	4

　　假设根据上表数据所得线性回归直线方程 $\hat{y} = \hat{b}x + \hat{a}$,若某同学根据上表中的前两组数据 $(1, 0)$ 和 $(2, 2)$ 求得的直线方程为 $y = b'x + a'$,则以下结论正确的是( ).

　　A. $\hat{b} > b'$,$\hat{a} > a'$　　　　　　B. $\hat{b} > b'$,$\hat{a} < a'$

　　C. $\hat{b} < b'$,$\hat{a} > a'$　　　　　　D. $\hat{b} < b'$,$\hat{a} < a'$

5. 若对某个地区人均工资 x 与该地区人均消费 y 进行调查统计得 y 与 x 具有相关关系,且回归方程为 $\hat{y} = 0.7x + 2.1$(单位:千元),若该地区人均消费水平为 10.5,则估计该地区人均消费额占人均工资收入的百分比约为_____.

6. 期中考试后,某校高三(9)班对全班 65 名学生的成绩进行分析,得到数学成绩 y

对总成绩 x 的回归方程为 $\hat{y}=6+0.4x$. 由此可以估计:若两个同学的总成绩相差 50 分,则他们的数学成绩大约相差_____分.

7. 从某居民区随机抽取 10 个家庭,获得第 i 个家庭的月收入 x_i(单位:千元)与月储蓄 y_i(单位:千元)的数据资料,算得 $\sum\limits_{i=1}^{10} x_i=80$, $\sum\limits_{i=1}^{10} y_i=20$, $\sum\limits_{i=1}^{10} x_i y_i=184$, $\sum\limits_{i=1}^{10} x_i^2=720$.

(1) 求家庭的月储蓄 y 对月收入 x 的线性回归方程 $\hat{y}=\hat{b}x+\hat{a}$;

(2) 判断变量 x 与 y 之间是正相关还是负相关;

(3) 若该居民区某家庭月收入为 7 千元,预测该家庭的月储蓄.

附:线性回归方程 $\hat{y}=\hat{b}x+\hat{a}$ 中, $\hat{b}=\dfrac{\sum\limits_{i=1}^{n} x_i y_i - n\bar{x}\,\bar{y}}{\sum\limits_{i=1}^{n} x_i^2 - n\bar{x}^2}$, $\hat{a}=\bar{y}-\hat{b}\,\bar{x}$, 其中 $\bar{x}$, $\bar{y}$ 为样本平均值.

8. 设 (x_1,y_1), (x_2,y_2), $\cdots$, (x_n,y_n) 是变量 x 和 y 的 n 个样本点,直线 l 是由这些样本点通过最小二乘法得到的回归直线(如右图),以下结论中正确的是( ).

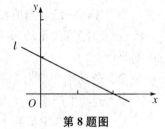

第 8 题图

A. x 和 y 的相关系数为直线 l 的斜率

B. x 和 y 的相关系数在 0 到 1 之间

C. 当 n 为偶数时,分布在 l 两侧的样本点的个数一定相同

D. 直线 l 过点 $(\bar{x},\bar{y})$

9. 若变量 y 与 x 之间的相关系数 $r=-0.9362$,则变量 y 与 x 之间( ).

A. 不具有线性相关关系

B. 具有线性相关关系

C. 它们的线性相关关系还要进一步确定

D. 不确定

10. 某工厂生产某种产品的产量 x(吨)与相应的生产能耗 y(吨)标准煤有如下几组样本数据:

x	3	4	5	6
y	2.5	3	4	4.5

据相关性检验,这组样本数据具有线性相关关系,通过线性回归分析,求得其回归直

线的斜率为 0.7,则这组样本数据的回归直线方程是_____.

11. 某数学老师身高 176 cm,他爷爷、父亲和儿子的身高分别是 173 cm、170 cm 和 182 cm. 因儿子的身高与父亲的身高有关,该老师用线性回归分析的方法预测他孙子的身高为_____ cm.

12. 以下是某地搜集到的新房屋的销售价格 y 和房屋的面积 x 的数据:

房屋面积 x(m²)	115	110	80	135	105
销售价格 y(万元)	24.8	21.6	18.4	29.2	22

(1) 画出数据对应的散点图;

(2) 求回归方程,并在散点图中加上回归直线;

(3) 据(2)的结果估计当房屋面积为 150 m² 时的销售价格.

二、综合运用

13. 一台机器由于使用时间较长,生产的零件有一些会缺损,按不同转速生产出来的零件有缺损的统计数据如下表:

转速 x(转/秒)	16	14	12	8
每小时生产缺损零件数 y(件)	11	9	8	5

(1) 作出散点图;

(2) 如果 y 与 x 线性相关,求出回归直线方程;

(3) 若实际生产中,允许每小时的产品中有缺损的零件最多为 10 个,那么,机器的运转速度应控制在什么范围?

综合测试

参考公式：回归直线方程：$\hat{y} = \hat{b}x + \hat{a}$. 其中 $\hat{b} = \dfrac{\sum\limits_{i=1}^{n} x_i y_i - n\bar{x}\bar{y}}{\sum\limits_{i=1}^{n} x_i^2 - n\bar{x}^2}$，$\hat{a} = \bar{y} - \hat{b}\bar{x}$

一、选择题

1. 要完成下列两项调查，① 从某社区 125 户高收入家庭、280 户中等收入家庭、95 户低收入家庭中选出 100 户调查社会购买力的某项指标；② 从某中学的 15 名艺术特长生中选出 3 人调查学习负担情况，宜采用的抽样方法依次为（　　）.

    A. ①用随机抽样法，②用系统抽样法

    B. ①用分层抽样法，②用简单随机抽样法

    C. ①用系统抽样法，②用分层抽样法

    D. ①②都用分层抽样法

2. 100 个个体分成 10 组，编号后分别为第 1 组：$00,01,02,\cdots,09$；第 2 组：$10,11,12,\cdots,19$；$\cdots$第 10 组：$90,91,92,\cdots 99$. 现在从第 k 组中抽取其号码的个位数与 $(k+m-1)$ 的个位数相同的个体，其中 m 是第 1 组随机抽取的号码的个位数，则当 $m=5$ 时，从第 7 组中抽取的号码是（　　）.

    A. 71   B. 61   C. 75   D. 65

3. 某校对高三年级的学生进行体检，现将高三男生的体重（kg）数据进行整理后分成 5 组，并绘制频率分布直方图（如图所示）. 根据一般标准，高三男生体重超过 65 kg 属于偏胖，低于 55 kg 属于偏瘦. 已知图中从左到右第一、第三、第四、第五小组的频率分别为 0.25、0.20、0.10、0.05，第二小组的频数为 400，则该校高三年级的男生总数和体重正常的概率分别为（　　）.

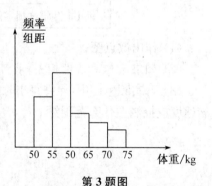

第 3 题图

    A. 1000，0.60   B. 1000，0.50

    C. 800，0.60   D. 800，0.50

4. 对于一组数据 $x_i(i=1,2,3,\cdots,n)$，如果将它们改变为 $x_i+c(i=1,2,3,\cdots,n)$，其中 $c\neq 0$，则下列结论中正确的是（　　）.

    A. 平均数与方差均不变   B. 平均数不变，而方差变了

    C. 平均数变了，而方差保持不变   D. 平均数与方差均发生了变化

5. 下列说法中，正确的是（　　）.

    A. 数据 $5,4,4,3,5,2$ 的众数是 4

    B. 一组数据的标准差是这组数据的方差的平方

    C. 数据 $2,3,4,5$ 的标准差是数据 $4,6,8,10$ 的标准差的一半

D. 频率分布直方图中各小长方形的面积等于相应各组的频数

6. 对于给定的两个变量的统计数据,下列说法正确的是(　　).

　　A. 都可以分析出两个变量的关系

　　B. 都可以用一直线近似地表示两者的关系

　　C. 都可以作出散点图

　　D. 都可以用确定的表达式表示两者的关系

7. 观察新生婴儿的体重,其频率分布直方图如图所示,则新生婴儿体重(单位:g)在 $(2700,3000]$ 的概率为(　　).

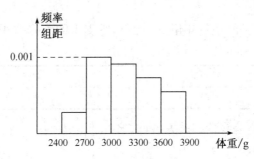

第7题图

　　A. 0.001　　　　　B. 0.1　　　　　C. 0.2　　　　　D. 0.3

8. 在一次数学测验中,某小组14名学生分别与全班的平均分85分的差是:2,3,-3,-5,12,12,8,2,-1,4,-10,-2,5,5,那么这个小组的平均分是(　　).

　　A. 97.2分　　　　B. 87.29分　　　　C. 92.32分　　　　D. 82.86分

9. 某题的得分情况如下:其中众数是(　　).

得分/分	0	1	2	3	4
百分率/%	37.0	8.6	6.0	28.2	20.2

　　A. 37.0%　　　　B. 20.2%　　　　C. 0分　　　　D. 1分

10. 下列说法正确的是(　　).

　　A. 根据样本估计总体,其误差与所选择的样本容量无关

　　B. 方差和标准差具有相同的单位

　　C. 从总体中可以抽取不同的几个样本

　　D. 若容量相同的两个样本的方差满足 $s_1^2 < s_2^2$,则推得总体也满足 $s_1^2 < s_2^2$ 是错的

二、填空题

11. 一个公司共有240名员工,下设一些部门,要采用分层抽样方法从全体员工中抽取一个容量为20的样本.已知某部门有60名员工,那么从这一部门抽取的员工人数是_____.

12. 常用的统计图表有:_____.

13. 常用的抽样方法有:_____.

14. 期中考试后,班长算出了全班40人的数学平均成绩为 M,如果把 M 当成一个同学的分数,与原来的40个分数一起,算出这41个分数的平均值为 N,那么 $M:N$ 为_____.

三、解答题

15. 某展览馆 22 天中每天进馆参观的人数如下：

180 158 170 185 189 180 184 185 140 179 192

185 190 165 182 170 190 188 175 180 185 148

计算参观人数的中位数、众数、平均数、标准差.

16. 假设关于某设备的使用年限 x（年）和所支出的维修费用 y（万元）有如下统计资料：

x/年	2	3	4	5	6
y/万元	2.2	3.8	5.5	6.5	7.0

若由资料知，y 对 x 呈线性相关关系，试求：

(1) 回归直线方程；

(2) 估计使用年限为 10 年时，维修费用约是多少？

17. 为了检测某种产品的质量，抽取了一个容量为 100 的样本，数据的分组如下：

分组	频数	频率
[10.75, 10.85)	3	
[10.85, 10.95)	9	
[10.95, 11.05)	13	
[11.05, 11.15)	16	
[11.15, 11.25)	26	
[11.25, 11.35)	20	
[11.35, 11.45)	7	
[11.45, 11.55)		a
[11.55, 11.65)	m	0.02

(1) 求出表中的 a，m 的值；

(2) 画出频率分布直方图和频率折线图；

(3) 据上述图表，估计数据落在 [10.95, 11.35) 范围内的可能性是百分之几？

(4) 数据小于 11.20 的可能性是百分之几？

第十六章　计数原理

16.1　分类加法计数原理与分步乘法计数原理

知识要点 ▶

1. 分类计数原理.

如果完成一件事情有 n 类办法,在第一类办法中有 m_1 种不同的方法,在第二类办法中有 m_2 种不同的方法,……,在第 n 类办法中有 m_n 种不同的方法,那么完成这件事共有 ＿＿＿＿ 种不同的方法.

2. 分步计数原理.

如果完成一件事情需要分成 n 个步骤,做第一步有 m_1 种不同的方法,做第二步有 m_2 种不同的方法,……,做第 n 步有 m_n 种不同的方法,那么完成这件事有 ＿＿＿＿ 种不同的方法.

课时训练 ▶

一、基础训练

1. 某班级有男学生 5 人,女学生 4 人,从中任选 1 一人去领奖,则不同的选法种数为(　　).

　　A. 4　　　　　　B. 5　　　　　　C. 9　　　　　　D. 20

2. 某班级有男学生 5 人,女学生 4 人,从中任选男、女学生各一人去参加座谈会,则不同的选法种数为(　　).

　　A. 4　　　　　　B. 5　　　　　　C. 9　　　　　　D. 20

3. 一种号码拨号锁有 4 个拨号盘,每个拨号盘上有从 0 到 9 共 10 个数字,这 4 个拨号盘可以组成四位数号码的个数为(　　).

　　A. 40　　　　　　B. 36　　　　　　C. 4000　　　　　　D. 9^4

4. 要从甲、乙、丙 3 名工人中选出 2 名分别上日班和晚班,则不同的选法种数为(　　).

　　A. 3　　　　　　B. 5　　　　　　C. 6　　　　　　D. 9

5. 甲厂生产的收音机外壳形状有 3 种,颜色有 4 种,乙厂生产的收音机外壳形状有 4 种,颜色有 5 种,这两厂生产的收音机仅从外壳的形状和颜色看,则不同的品种为(　　).

A. 32　　　　　　B. 24　　　　　　C. 240　　　　　　D. 16

6. 用 0,1,2,3,4,5 这六个数字:(用数字作答)

(1) 可以组成＿＿＿＿＿＿个数字不重复的三位数;

(2) 可以组成＿＿＿＿＿＿个数字不允许重复的三位数的奇数;

(3) 可以组成＿＿＿＿＿＿个数字不重复的小于 1000 的自然数.

7. 100 的正约数有＿＿＿＿＿个,奇约数有＿＿＿＿＿个.

8. 将 3 封信投入 4 个不同的邮筒的投法共有＿＿＿＿＿种.

9. 4 名学生分配到 3 个车间去劳动,共有＿＿＿＿＿中不同的分配方案.

10. 有四位同学参加三项不同的比赛,每项竞赛只许一位学生参加,有＿＿＿＿＿种不同的结果.

11. 在 1～20 共 20 个整数中取两个数相加,求分别满足下列要求的取法的种数:

(1) 和为偶数;

(2) 和大于 20.

二、综合运用

12. 在以下三个图中,都要给①,②,③,④四块区域分别涂上五种颜色中的某一种,允许同一种颜色使用多次,但相邻区域必须涂不同颜色,则三个图的不同涂色方法种数分别为多少?

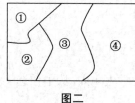
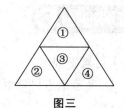

图一　　　　　　　　　　　　图二　　　　　　　　　　　　图三

13. 如右图,共有多少个不同的三角形?

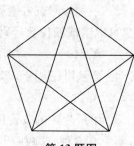

第 13 题图

16.2 排列与组合

16.2.1 排 列

知识要点 ▶

1. 排列的定义.

从 n 个不同元素中,任取 $m(m \leqslant n)$ 个元素按照_____排成一列,叫作从 n 个不同元素中取出 m 个元素的一个排列.

2. 排列数的定义.

从 n 个不同元素中,任取 $m(m \leqslant n)$ 个元素的_____的个数叫作从 n 个元素中取出 m 元素的排列数,用符号 A_n^m 表示.

3. 排列数公式.

$A_n^m = $_____$ = $_____.

4. 全排列的定义.

n 个不同元素全部取出的_____叫作 n 个元素的一个全排列,

$A_n^n = n(n-1)(n-2)\cdots \cdot 2 \cdot 1 = $_____. 规定 $0! = $_____.

课时训练 ▶

一、基础训练

1. $5A_5^3 + 4A_4^2 = ($ $)$.

   A. 348 　　　　 B. 248 　　　　 C. 156 　　　　 D. 280

2. 若 $A_n^m = 17 \times 16 \times 15 \times L \times 5 \times 4$,则( ).

   A. $n = 17, m = 13$ 　 B. $n = 17, m = 14$ 　 C. $n = 18, m = 13$ 　 D. $n = 18, m = 14$

3. 若 $A_m^5 = 2A_m^3$,则 $mn = ($ $)$.

   A. 5 　　　　 B. 3 　　　　 C. 6 　　　　 D. 7

4. 四支足球队争夺冠、亚军,不同的结果有( ).

   A. n 种 　　　 B. 10 种 　　　 C. 12 种 　　　 D. 16 种

5. 信号兵用 3 种不同颜色的旗子各一面,每次打出 3 面,最多能打出不同的信号有( ).

   A. 3 种 　　　 B. 6 种 　　　 C. 1 种 　　　 D. 27 种

6. 从 4 种蔬菜品种中选出 3 种,分别种植在不同土质的 3 块土地上进行试验,则不同的种植方法有( ).

   A. 24 　　　　 B. 40 　　　　 C. 56 　　　　 D. 64

7. 若 $x=\dfrac{n!}{3!}$,则 $x=$( ).

    A. A_n^3 B. A_n^{n-3} C. A_3^n D. A_{n-3}^3

8. 已知 $A_n^2=7A_{n-4}^2$,那么 $n=$( ).

    A. 3   B. 4   C. 5   D. 6

9. 计算: $\dfrac{2A_9^5+3A_9^6}{9!-A_{10}^6}=$( ).

    A. 1   B. 2   C. 3   D. 4

10. 计算: $\dfrac{(m-1)!}{A_{m-1}^{n-1}\cdot(m-n)!}=$( ).

    A. 1   B. 2   C. 3   D. 4

11. 若 $n\in\mathbf{N}$,则 $(55-n)(56-n)\cdots(68-n)(69-n)$ 用排列数符号表示( ).

    A. A_{55-n}^{14} B. A_{55-n}^{15} C. A_{69-n}^{14} D. A_{69-n}^{15}

12. 若 $x\in\{x\mid x\in\mathbf{Z},|x|<4\}$,$y\in\{y\mid y\in\mathbf{Z},|y|<5\}$,则以 (x,y) 为坐标的点共有( ).

    A. 20   B. 63   C. 54   D. 56

13. 一个火车站有 8 股岔道,停放 4 列不同的火车不同的停放方法(假定每股岔道只能停放 1 列火车)种数有( ).

    A. A_8^4 B. $4A_8^4$ C. A_4^4 D. $4\cdot A_8^4$

14. 将 4 位司机、4 位售票员分配到四辆不同班次的公共汽车上,每一辆汽车分别有一位司机和一位售票员,不同的分配方案有( ).

    A. 48   B. 576   C. 24   D. 40320

15. 由数字 1,2,3,4,5 可以组成无重复数字的五位数的个数为( ).

    A. 120   B. 60   C. 240   D. 24

16. 由数字 0,1,2,3,4,5 可以组成无重复数字的三位数的个数为( ).

    A. 60   B. 80   C. 100   D. 120

17. 7 人站一排,甲不站排头,也不站排尾,不同的站法种数为( ).

    A. 1800   B. 3600   C. 7100   D. 1200

18. 由数字 1,2,3,4,5 可以组成无重复数字的三位数中奇数的个数为( ).

    A. 12   B. 24   C. 36   D. 48

19. 7 位同学站成一排,甲、乙和丙三个同学都相邻的排法为( ).

    A. 180   B. 360   C. 720   D. 120

20. 五种不同商品在货架上排成一排,其中 A、B 两种不能连排的排法为( ).

    A. 72   B. 24   C. 36   D. 48

21. 由数字 0,1,2,3,4 可以组成无重复数字的三位数中奇数的个数为( ).

    A. 12   B. 18   C. 24   D. 36

22. 由数字 0,1,2,3,4 可以组成无重复数字的三位数中偶数的个数为( ).

    A. 12   B. 18   C. 30   D. 36

23. 由数字 1，2，3，4，5 可以组成比 13000 大的无重复数字正整数个数为（　　）.

    A. 114　　　　　　B. 253　　　　　　C. 98　　　　　　D. 57

24. 由 0，3，5，7 这五个数组成无重复数字的三位数，其中是 5 的倍数的个（　　）.

    A. 10　　　　　　B. 25　　　　　　C. 33　　　　　　D. 21

二、综合应用

25. 有 5 列火车停在某车站并排的五条轨道上，若快车 A 不能停在第三条轨道上，货车 B 不能停在第一条轨道上，则五列火车的停车方法有（　　）.

    A. 78 种　　　　　B. 72 种　　　　　C. 120 种　　　　　D. 96 种

26. 9 位同学排成三排，每排 3 人，其中甲不站在前排，乙不站在后排的排法有（　　）.

    A. 7899 种　　　　B. 98700 种　　　　C. 166320 种　　　　D. 74000 种

27. 一天的课表有 6 节课，其中上午 4 节，下午 2 节，要排语文、数学、外语、微机、体育、地理六节课，要求上午不排体育，数学必须排在上午，微机必须排在下午，不同的排法有（　　）种.

    A. 12 种　　　　　B. 24 种　　　　　C. 36 种　　　　　D. 48 种

28. 一天课表中，6 节课要使 3 门理科的数学与物理连排，化学不得与数学、物理连排，不同的排法为（　　）.

    A. 120 种　　　　　B. 240 种　　　　　C. 144 种　　　　　D. 500 种

29. 一部电影在相邻 5 个城市轮流放映，每个城市都有 3 个放映点，如果规定必须在一个城市的各个放映点放映完以后才能转入另一个城市，则不同的轮映次序有种（只列式，不计算）.

30. 某商场中有 10 个展架排成一排，展示 10 台不同的电视机，其中甲厂 5 台，乙厂 3 台，丙厂 2 台，若要求同厂的产品分别集中，且甲厂产品不放两端，则不同的陈列方式有＿＿＿＿＿＿种.

31. 用数字 0，1，2，3，4，5 组成没有重复数字的四位数，其中

(1) 三个偶数字连在一起的四位数有＿＿＿＿＿＿个.

(2) 十位数字比个位数字大的有＿＿＿＿＿＿个.

(3) 含有 2 和 3 并且 2 和 3 不相邻的四位数有＿＿＿＿＿＿个.

16.2.2　组　合

知识要点 ▶

1. 组合的概念.

    一般地，从 n 个不同元素中取出 $m(m \leqslant n)$ 个元素＿＿＿＿＿＿，叫作从 n 个不同元素中取出 m 个元素的一个组合.

2. 组合数的概念.

从 n 个不同元素中取出 $m(m \leqslant n)$ 个元素的所有组合的个数,叫作从 n 个不同元素中取出 m 个元素的_____,用符号_____表示.

3. 组合数公式.

$C_n^m = \dfrac{A_n^m}{A_m^m} = $ _____ 或 $C_n^m = $ _____.

4. 组合数的性质.

性质1:_____.

性质2:_____.

课时训练 ▶

一、基础训练

1. 写出从 a,b,c,d,e 这 5 个元素中每次取出 4 个的所有不同的组合.

_____.

2. 给出下列问题:

① 有 10 个车站,共需要准备多少种车票?

② 有 10 个车站,共有多少种不同的票价?

③ 平面内有 10 个点,共可作出多少条不同的有向线段?

④ 有 10 个同学,假期约定每两人通电话一次,共需通话多少次?

⑤ 从 10 个同学中选出 2 名分别参加数学和物理竞赛,有多少中选派方法?

以上问题中,属于组合问题的是_____,属于排列问题的是_____.

3. (1) $C_7^4 = $ _____   (2) $C_{10}^7 = $ _____

4. 从 6 位候选人中选出 2 人分别担任班长和团支部书记,有_____种不同的选法.

5. 从 6 位同学中选出 2 人去参加座谈会,有_____种不同的选法.

6. 方程 $C_{28}^x = C_{28}^{3x-8}$ 的解集为_____.

7. 化简:$C_m^9 - C_{m+1}^9 + C_m^8 = $ _____.

8. (1) 有 3 张参观券,要在 5 人中确定 3 人去参观,不同的方法种数是_____;

(2) 要从 5 件不同的礼物中选出 3 件分别送 3 位同学,不同的方法种数是_____;

(3) 5 名工人分别要在 3 天中选择 1 天休息,不同方法的种数是_____.

9. 6 人同时被邀请参加一项活动,必须有人去,去几人自行决定,共有_____种不同的方法.

10. 正 12 边形的对角线的条数是_____.

11. 设全集 $U = \{a,b,c,d\}$,集合 A、B 是 U 的子集,若 A 有 3 个元素,B 有 2 个元素,且 $A \cap B = \{a\}$,求集合 A、B,则本题的解的个数为_____.

12. 在 200 件产品中,有 2 件次品从中任取 5 件,

(1) "其中恰有 2 件次品"的抽法有_____种;

(2)"其中恰有 1 件次品"的抽法有_____种;

(3)"其中没有次品"的抽法有_____种;

(4)"其中至少有 1 件次品"的抽法有_____种;

(5)"其中至多有 1 件次品"的抽法有_____种.

13. 从 5 名男生和 4 名女生中选出 4 人去参加辩论比赛.

(1)如果 4 人中男生和女生各选 2 人,有_____种选法;

(2)如果男生中的甲与女生中的乙必须在内,有_____种选法;

(3)如果男生中的甲与女生中的乙至少要有 1 人在内,有_____种选法;

(4)如果 4 人中必须既有男生又有女生,有_____种选法.

14. 集合 A 有 m 个元素,集合 B 有 n 个元素,从两个集合中各取出 1 个元素,不同方法的种数是_____.

15. 6 人同时被邀请参加一项活动,必须有人去,去几人自行决定,去法共有(　　).

    A. 24 种　　　　　　B. 63 种　　　　　　C. 150 种　　　　　　D. 45 种

16. 从 $1,2,3\cdots,20$ 这 20 个数中选出 2 个不同的数,使这两个数的和为偶数,不同的选法有(　　).

    A. 120 种　　　　　　B. 90 种　　　　　　C. 180 种　　　　　　D. 45 种

17. 从编号为 $1,2,3,\cdots,10,11$ 的共 11 个球中,取出 5 个球,使得这 5 个球的编号之和为奇数,不同的取法为(　　).

    A. 120 种　　　　　　B. 156 种　　　　　　C. 269 种　　　　　　D. 236 种

18. 有两条平行直线 a 和 b,在直线 a 上取 4 个点,直线 b 上取 5 个点,以这些点为顶点作三角形,这样的三角形共有(　　).

    A. 70 种　　　　　　B. 80 种　　　　　　C. 82 种　　　　　　D. 84 种

19. 在一次考试的选做题部分,要求在第 1 题的 4 个小题中选做 3 个小题,在第 2 题的 3 个小题中选做 2 个小题,第 3 题的 2 个小题中选做 1 个小题,有_____种不同的选法.

二、综合应用

20. 正六边形的中心和顶点共 7 个点,以其中三个点为顶点的三角形共有_____个.

21. 某科技小组有 6 名同学,现从中选出 3 人去参观展览,至少有 1 名女生入选时的不同选法有 16 种,则该科技小组中女生的人数为_____.

22. 在所有的不重复数字的三位数中,各位数字从高到低顺次减小的数共有(　　).

    A. 120 个　　　　　　B. 48 个　　　　　　C. 960 个　　　　　　D. 490 个

23. 6 本不同的书全部送给 5 人,每人至少 1 本,不同的送书方法为(　　).

    A. 120 种　　　　　　B. 24 种　　　　　　C. 180 种　　　　　　D. 1800 种

24. 12 名同学分别到三个不同的路口进行车流量的调查,若每个路口 4 人,则不同的分配方案有(　　)种.

    A. $C_{12}^4 C_8^4 C_4^4$　　　　　　B. $3C_{12}^4 C_8^4 C_4^4$　　　　　　A. $C_{12}^4 C_8^4 A_3^3$　　　　　　D. $\dfrac{C_{12}^4 C_8^4 C_4^4}{A_3^3}$

25. 甲、乙、丙三人值周,从周一至周六,每人值两天,但甲不值周一,乙不值周六,不同的值周表排法有（　　）.

　　A. 12 种　　　　　　B. 24 种　　　　　　C. 42 种　　　　　　D. 64 种

26. 6 本不同的书,按下列要求各有多少种不同的选法:

(1) 分给甲、乙、丙三人,每人 2 本;

(2) 分为三份,每份 2 本;

(3) 分为三份,一份 1 本,一份 2 本,一份 3 本;

(4) 分给甲、乙、丙三人,一人 1 本,一人 2 本,一人 3 本;

(5) 分给甲、乙、丙三人,每人至少 1 本.

16.3　二项式定理

知识要点 ▶

1. 二项式定理:$(a+b)^n = $ ＿＿＿＿＿＿＿＿＿＿＿＿＿＿,右边的多项式叫 $(a+b)^n$ 的 ＿＿＿＿＿＿,它有＿＿＿＿＿＿项,各项的系数＿＿＿＿＿＿叫二项式系数,式中第 $r+1$ 项 $C_n^r a^{n-1} b^r$ 叫二项展开式的＿＿＿＿＿＿,用＿＿＿＿＿＿表示.

二项式系数的性质:

(1) 对称性

在二项展开式中,与首末两端"等距离"的两项的＿＿＿＿＿＿相等.

(2) 增减性与最大值

当＿＿＿＿＿＿时,二项式系数是逐渐增大的,由对称性知它的后半部是逐渐减小的,且在中间取得最大值.

当 n 是偶数时,二项式共有＿＿＿＿＿＿项,中间的＿＿＿＿＿＿项的二项式系数＿＿＿＿＿＿最大.

当 n 是奇数数时,二项式共有＿＿＿＿＿＿项,中间的＿＿＿＿＿＿项的二项式系数＿＿＿＿＿＿最大.

3. 各二项式系数和等于＿＿＿＿＿＿.

课时训练 ▶

一、基础训练

1. 用二项式定理展开:

(1) $\left(1+\dfrac{1}{x}\right)^4$　　　　　　　　　　　　(2) $(x-1)^4$

2. 写出 $(x+a)^{12}$ 的展开式中的倒数第 4 项:＿＿＿＿＿＿.

3. 写出 $(3b+2a)^6$ 的展开式中的第 3 项:＿＿＿＿＿＿.

4. $(x^3+2x)^7$ 的展开式的第 4 项的二项式系数为＿＿＿＿,第 4 项的系数为＿＿＿＿.

5. $\left(\dfrac{x}{3}+\dfrac{3}{\sqrt{x}}\right)^9$ 的展开式的第 6 项为:＿＿＿＿,常数项为:＿＿＿＿.

6. 写出 $\left(x-\dfrac{1}{x}\right)^{2n}$ 展开式的中间项:＿＿＿＿＿＿.

7. $(x+x^{\lg x})^5$ 展开式中的第 3 项为 10^6,则 x 为＿＿＿＿.

8. $(1+\sqrt{2})^7$ 展开式中有理项的项数是＿＿＿＿.

9. 化简:(1) $(1+\sqrt{x})^5+(1-\sqrt{x})^5$ (2) $(2x^{\frac{1}{2}}+3x^{-\frac{1}{2}})^4-(2x^{\frac{1}{2}}-3x^{-\frac{1}{2}})^4$

10. 已知 $\left(1-\dfrac{x}{2}\right)^n$ 的展开式中二项式系数之和等于 512,则二项式系数最大的项＝
＿＿＿＿＿＿.

11. 已知 $(1-2x)^5=a_0+a_1x+a_2x^2+\cdots+a_5x^5$,则:

(1) $a_0=$＿＿＿＿   (2) $a_1+a_2+a_3+a_4+a_5=$＿＿＿＿

(3) $a_0-a_1+a_2-a_3+a_4-a_5=$＿＿＿＿   (4) $a_1+a_3+a_5=$＿＿＿＿

(5) $(a_0+a_2+a_4)^2-(a_3+a_4+a_5)^2=$＿＿＿＿   (6) $|a_0|+|a_1|+\cdots+|a_5|=$＿＿＿＿

二、综合应用

12. 若二项式 $\left(3x^2-\dfrac{1}{2x^3}\right)^n$ $(n\in \mathbf{N}^*)$ 的展开式中含有常数项,则 n 的最小值为
(   ).

　　A. 4　　　　　B. 5　　　　　C. 6　　　　　D. 8

13. 已知 $\left(\sqrt{x}-\dfrac{2}{x^2}\right)^n$ 的展开式中,第五项与第三项的二项式系数之比为 14:3,则展开式的常数项为＿＿＿＿.

14. 设 $(1+x)+(1+x)^2+(1+x)^3+\cdots+(1+x)^n=a_0+a_1x+a_2x^2+\cdots+a_nx^n$,当 $a_0+a_1+a_2+\cdots+a_n=254$ 时,则 n 的值为＿＿＿＿.

15. $(1+x)+(1+x)^2+\cdots+(1+x)^{10}$ 展开式中 x^3 的系数为＿＿＿＿.

16. $(\sqrt{x}+1)^4(x-1)^5$ 展开式中 x^4 的系数为＿＿＿＿,各项系数之和为＿＿＿＿.

17. 0.998^3 的近似值(精确到 0.001)为＿＿＿＿.

18. 某企业欲实现在今后 10 年内年产值翻一翻的目标,那么该企业年产值的年平均增长率最低应(   ).

　　A. 低于 5%　　　　　　　　B. 在 5%～6% 之间

　　C. 在 6%～8% 之间　　　　　D. 在 8% 以上

19. 在 $(1+x)^n$ 的展开式中,奇数项之和为 p,偶数项之和为 q,则 $(1-x^2)^n$ 等于(   ).

    A. 0   B. pq C. p^2+q^2 D. p^2-q^2

20. 求证:$C_n^1+2C_n^2+3C_n^3+\cdots+nC_n^n=n\cdot2^{n-1}$.

综合测试

一、选择题

1. $\left(x^2-\dfrac{2}{x^3}\right)^5$ 展开式中的常数项为(   ).

    A. 80   B. -80 C. 40   D. -40

2. 将 5 名实习教师分配到高一年级的 3 个班实习,每班至少 1 名,最多 2 名,则不同的分配方案有(   ).

    A. 30 种   B. 90 种   C. 180 种   D. 270 种

3. 已知集合 $A=\{5\}$,$B=\{1,2\}$,$C=\{1,3,4\}$,从这三个集合中各取一个元素构成空间直角坐标系中点的坐标,则确定的不同点的个数为(   ).

    A. 33   B. 34   C. 35   D. 36

4. $(x+1)^4$ 的展开式中 x^2 的系数为(   ).

    A. 4   B. 6   C. 10   D. 20

5. 某校开设 A 类选修课 3 门,B 类选择课 4 门,一位同学从中共选 3 门,若要求两类课程中各至少选一门,则不同的选法共有(   ).

    A. 30 种   B. 35 种   C. 42 种   D. 48 种

6. 12 个篮球队中有 3 个强队,将这 12 个队任意分成 3 个组(每组 4 个队),则 3 个强队恰好被分在同一组的概率为(   ).

    A. $\dfrac{1}{55}$ B. $\dfrac{3}{55}$ C. $\dfrac{1}{4}$ D. $\dfrac{1}{3}$

7. 甲、乙两人从 4 门课程中各选修 2 门,则甲、乙所选的课程中恰有 1 门相同的选法有(   ).

    A. 6 种   B. 12 种   C. 24 种   D. 30 种

8. 在 $\left(x-\dfrac{1}{2x}\right)^{10}$ 的展开式中,x^4 的系数为(   ).

    A. -120 B. 120   C. -15 D. 15

9. 在 $(a+b)^n$ 的展开式中,若 n 为奇数,则中间项是(　　).

  A. 第 $\dfrac{n+1}{2}$,$\dfrac{n+2}{2}$ 项   B. 第 $\dfrac{n+1}{2}$,$\dfrac{n+3}{2}$ 项

  C. 第 $\dfrac{n-1}{2}$,$\dfrac{n+3}{2}$ 项   D. 第 $\dfrac{n+2}{2}$,$\dfrac{n+3}{2}$ 项

10. $(a-b)^n$ 的展开式中第 $r+2$ 项的系数为(　　).

  A. $(-1)^r C_n^r$ B. $(-1)^{r+1} C_n^{r+1}$

  C. $(-1)^{r+2} C_n^{r+2}$ D. $(-1)^{r+1} C_n^{n-r}$

11. 某校举行足球单循环赛(即每个队都与其他各队比赛一场),有 8 个队参加,共需要举行比赛(　　).

  A. 16 场   B. 28 场   C. 56 场   D. 64 场

12. 已知集合 $A=\{1,2,3,4\}$,函数 $f(x)$ 的定义域、值域都是 A,且对于任意 $i\in A$,$f(i)\neq i$.设 a_1,a_2,a_3,a_4 是 $1,2,3,4$ 的任意一个排列,定义数表 $\begin{bmatrix} a_1 & a_2 & a_3 & a_4 \\ f(a_1) & f(a_2) & f(a_3) & f(a_4) \end{bmatrix}$,若两个数表的对应位置上至少有一个数不同,就说这是两张不同的数表,那么满足条件的不同的数表的张数(　　).

  A. 216   B. 108   C. 48   D. 24

二、填空题

13. $\left(x-\dfrac{1}{2x}\right)^6$ 的二项展开式中含 x^4 的项的系数为_____.

14. 若 $(1-2x)^{2013}=a_0+a_1 x+a_2 x^2+\cdots+a_{2013}x^{2013}$($x\in \mathbf{R}$),则 $\dfrac{a_1}{2}+\dfrac{a_2}{a^2}+\cdots+\dfrac{a_{2013}}{2^{2013}}=$_____.

15. 6 个人排成一行,其中甲、乙两人不相邻的不同排法共有_____种.

16. 直线 $Ax+By=0$ 的系数 A、B 可以在 $0,1,2,3,5,7$ 这六个数字中取值,则这些方程所表示的不同直线有_____条.

17. 有 11 名翻译,7 名懂英语,6 名懂日语,从中选 8 人,4 人翻译英文,另 4 人翻译日文,有多少种选择?(多面手问题)

18. 6 名男生和 3 名女生排成一排,其中任何两名女生都不相邻的不同排法共有_____.

19. 正六边形的中心和顶点共 7 个,以其中 3 个顶点为顶点的三角形共有_____个.

20. 有四个好友 A,B,C,D 经常通电话交流信息,已知在通了三次电话后这四人都获悉某一条高考信息,那么第一个电话是 A 打的情形共有_____种.

21. 二项式 $\left(1-\dfrac{1}{2x}\right)^{10}$ 的展开式中含 $\dfrac{1}{x^5}$ 的项的系数_____(请用数字作答)

22. $(x+2)^6$ 的展开式中 x^3 的系数为_____.

23. 要排出某班一天中语文、数学、政治、英语、体育、艺术 6 门课各一节的课程表,要求数学课排在前 3 节,英语课不排在第 6 节,则不同的排法种数为_____(以数字作答).

三、解答题

24. 已知 $(5x+1)^n(n\leqslant 10,n\in \mathbf{N}^*)$ 的展开式中,第 2、3、4 项的系数成等差数列.

(1) 求 $(5x+1)^n$ 展开式中二项式系数最大的项;

(2) 求 $(5x+1)^n$ 展开式中系数最大的项.

25. 在 $\left(\sqrt{x}+\dfrac{1}{2\sqrt[4]{x}}\right)^n$ 的展开式中,已知前三项的系数成等差数列,求

(1) 展开式中含 x 的项;

(2) 展开式中所有的有理项及整式项.

26. 求证:$(C_n^0)^2+(C_n^1)^2+\cdots+(C_n^n)^2=\dfrac{(2n)!}{n!\ n!}$

第十七章　概　率

17.1　随机事件的概率

知识要点 ▶

1. 随机试验 E 的每一个可能出现的结果称为_____,用_____表示;它的全体称为_____,用_____表示.

2. 随机试验 E 的样本空间 Ω 的子集合 A 称为_____.每次试验中,当且仅当 A 的某个样本点出现,我们称_____.

3. 事件的基本关系和运算

名称	随机事件语言描述	集合语言描述	样本点构成情况	图示
事件 B 包含事件 A	事件 A 发生必然导致_____	$A\subseteq B$	A 中的每个样本点都_____B	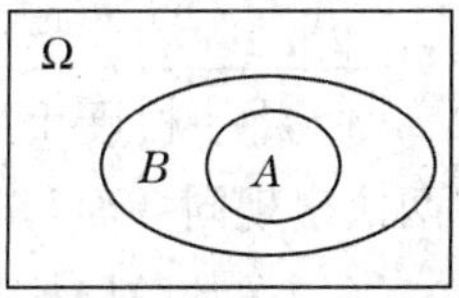
事件 A 与事件 B 的和事件	事件 A 与事件 B 中_____的事件		属于 A_____属于 B 的所有样本点组成集合.	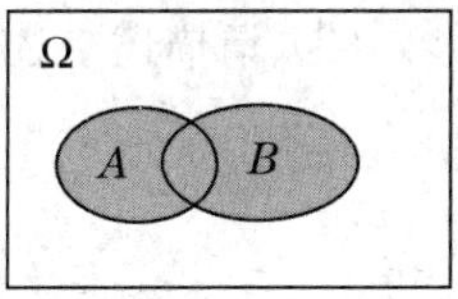
事件 A 与事件 B 的积事件	事件 A 与事件 B_____	$A\ \ B$(或 AB)	所有_____样本点组成集合.	
事件 A 与事件 B 的差事件	事件 A_____而事件 B_____	$A-B$	_____的样本点的集合.	
互不相容事件 (_____)	事件 A 与事件 B_____	$AB=\phi$	事件 A 与事件 B 没有相同样本点	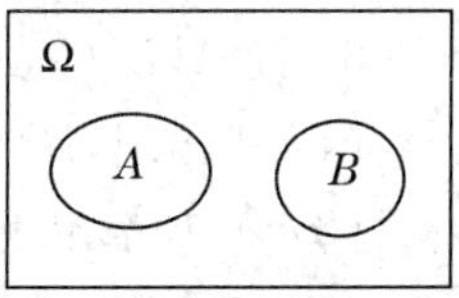
事件 A 的对立事件	事件 A_____的事件	_____	事件 A 在样本空间中的补集	_____

课时训练 ▶

一、基础训练

1. 指出下列事件是必然事件,不可能事件,还是随机事件.

(1) 某地 1 月 1 日刮西北风;＿＿＿＿＿＿＿

(2) 当 x 是实数时,$x^2 \geqslant 0$;＿＿＿＿＿＿＿

(3) 手电筒的电池没电,灯泡发亮;＿＿＿＿＿＿＿

(4) 一个电影院某天的上座率超过 50%.＿＿＿＿＿＿＿

2. 袋中装有 3 个球,2 白(用 1,2 表示),1 红(用 3 表示),试写出下列试验的样本空间.

(1) $E1$(有放回取出 2 个):＿＿＿＿＿＿＿＿＿＿＿＿＿＿

(2) $E2$(不放回的取出 2 个):＿＿＿＿＿＿＿＿＿＿＿＿＿＿

(3) $E3$(同时取出 2 个球):＿＿＿＿＿＿＿＿＿＿＿＿＿＿

3. 描述下列事件的关系

(1) 观察天气状况,A 表示"明天晴天",B 表示"明天无雨"

＿＿＿＿＿＿＿＿＿＿＿＿＿＿＿＿＿＿＿＿＿＿＿＿＿＿＿＿＿＿

(2) 公共汽车站某日某时间段内等车人数,A 表示"至少有 10 人候车",B 表示"至少有 5 人候车"

＿＿＿＿＿＿＿＿＿＿＿＿＿＿＿＿＿＿＿＿＿＿＿＿＿＿＿＿＿＿

4. 将一枚硬币抛掷二次,观察正面,反面出现的情况,$A=$"第一次出现正面",$B=$"两次出现同一面",求:

(1) $AB,A \cup B,A\bar{B},\bar{A}\bar{B} \cup AB,\overline{AB}$ 包含哪些样本点;

(2) 请描述上述事件表示的意义.

5. 两个事件互斥是两个事件对立的(　　).

   A. 充要条件   B. 充分不必要条件

   C. 必要不充分条件   D. 既不充分也不必要条件

6. 设 A,B,C 表示三个随机事件,试用 A,B,C 的运算表示下列事件

(1) A 出现,B,C 不出现;＿＿＿＿＿＿＿＿＿＿

(2) A,B 都出现,C 不出现;＿＿＿＿＿＿＿＿＿＿

(3) 三个事件都出现;＿＿＿＿＿＿＿＿＿＿

(4) 三个事件至少有一个出现;＿＿＿＿＿＿＿＿＿＿

(5) 三个事件都不出现;＿＿＿＿＿＿＿＿＿＿

7. 从一批产品中抽出 4 件产品进行抽样调查,Ai 表示取出的第 i 件产品为正品,$i=$

$1,2,3,4$,试用 A_i 的运算表示下列事件

(1) 没有一个是次品；_____

(2) 至少有一个是次品；_____

(3) 只有一个是次品；_____

二、综合应用

8. 对某工厂出厂的产品进行检查,合格的记上"1",不合格的记上"0",如连续查出 2 个次品就停止检查,或检查 4 个产品就停止检查,记录检查的结果,则样本空间为_____ _____.

9. 在某客运站等车试验中,"至少 5 人"的对立事件为( ).

    A. "至多 5 人"   B. "至少 4 人"

    C. "大于等于 5 人"   D. "小于等于 4 人"

10. 事件 A 表示 3 个人对某问题的回答中至少有 1 人说"否"的对立事件( ).

    A. 3 个人对某问题的回答都说"是"

    B. 3 个人对某问题的回答都说"否"

    C. 3 个人对某问题的回答至多 1 人说"否"

    D. 3 个人对某问题的回答有 1 人说"否"

11. 以 A 表示事件"甲种产品畅销,乙种产品滞销",则 A 的对立事件表示( ).

    A. "甲种产品滞销,乙种产品畅销"

    B. "甲、乙两种产品均畅销"

    C. "甲种产品滞销"

    D. "甲种产品滞销或乙种产品畅销"

12. 设 A,B,C 表示三个随机事件,试用 A,B,C 的运算表示下列事件

(1) 不多于一个事件出现；(2) 不多于两个事件出现；(3) 三个事件至少有两个出现； (4) A,B 至少有一个出现,C 不出现；(5) A,B,C 中恰有两个出现.

17.2 古典概型

知识要点 ▶

1. 古典概率模型,简称古典概型,它具有这两个特点:

(1) 其中所有可能出现的基本事件个数是有限的；

(2) 每个基本事件出现的可能性相等.

2. 对于古典概型,任何事件的概率为:

$$P(A) = \frac{A\text{包含的基本事件的个数}}{\text{基本事件的总数}}.$$

课时训练 ▶

一、基础训练

1. 已知一个盒子里有 4 个红球和 2 个白球,从中随机摸一个,是白球的概率为( ).

     A. $\frac{1}{3}$ B. $\frac{1}{4}$ C. $\frac{1}{2}$ D. $\frac{3}{4}$

2. 有 3 个活动小组,甲、乙两位同学各自参加其中一个小组,每位同学参加各个小组的可能性相同,则这两位同学在同一个兴趣小组的概率为( ).

     A. $\frac{1}{3}$ B. $\frac{1}{2}$ C. $\frac{2}{3}$ D. $\frac{3}{4}$

3. "序数"指每个数字比其左边的数字大的自然数(如 1258),在两位的"序数"中任取一个数比 56 大的概率是( ).

     A. $\frac{1}{4}$ B. $\frac{2}{3}$ C. $\frac{3}{4}$ D. $\frac{4}{5}$

4. 如图,一面旗帜由 A,B,C 三块区域构成,这三块区域必须涂上不同的颜色,现有红、黄、蓝、黑四种颜色可供选择,则 A 区域是红色的概率是( ).

A	B	C

     A. $\frac{1}{3}$ B. $\frac{1}{4}$ C. $\frac{1}{2}$ D. $\frac{3}{4}$

5. 口袋里装有红球、白球、黑球各 1 个,这 3 个球除颜色外完全相同,有放回地连续抽取 2 次,每次从中任意地取出 1 个球,则两次取出的球颜色不同的概率是( ).

     A. $\frac{2}{9}$ B. $\frac{1}{3}$ C. $\frac{2}{3}$ D. $\frac{8}{9}$

6. 甲、乙两队进行排球决赛,现在的情形是甲队只要再赢一局就获冠军,乙队则需要再赢两局才能得冠军. 若两队胜每局的概率相同,则甲队获得冠军的概率为( ).

     A. $\frac{3}{4}$ B. $\frac{3}{5}$ C. $\frac{2}{3}$ D. $\frac{1}{2}$

7. 将一颗骰子先后抛掷 2 次,观察向上的点数,则所得的两个点数和不小于 9 的概率为( ).

     A. $\frac{1}{3}$ B. $\frac{5}{18}$ C. $\frac{2}{9}$ D. $\frac{11}{36}$

8. 将一根绳子对折,然后用剪刀在对折过的绳子上任意一处剪断,则得到的三条绳子的长度可以作为三角形的三边形的概率为( ).

     A. $\frac{1}{6}$ B. $\frac{1}{4}$ C. $\frac{1}{3}$ D. $\frac{1}{2}$

9. 把一枚硬币连续抛掷两次,事件 A="第一次出现正面",事件 B="第二次出现正面",则 $P(B|A)=($ $)$.

    A. $\dfrac{1}{2}$ B. $\dfrac{1}{4}$ C. $\dfrac{1}{6}$ D. $\dfrac{1}{8}$

10. 4 张卡片上分别有数字 1,2,3,4,从这 4 张卡片中随机抽取 2 张,则取出的 2 张卡片上的数字之和为奇数的概率为(   ).

    A. $\dfrac{1}{3}$ B. $\dfrac{1}{2}$ C. $\dfrac{2}{3}$ D. $\dfrac{3}{4}$

11. 已知 4 张卡片上分别写着数字 1,2,3,4,甲、乙两人等可能地从这 4 张卡片中选择 1 张,则他们选择同一张卡片的概率为(   ).

    A. 1   B. $\dfrac{1}{16}$ C. $\dfrac{1}{4}$ D. $\dfrac{1}{2}$

12. 据人口普查统计,育龄妇女生男女是等可能的,如果允许生育二胎,则某一育龄妇女两胎均是女孩的概率是(   ).

    A. $\dfrac{1}{2}$ B. $\dfrac{1}{3}$ C. $\dfrac{1}{4}$ D. $\dfrac{1}{5}$

13. 甲、乙两人下棋,甲获胜的概率为 40%,甲不输的概率是 90%,则甲、乙两人下和棋的概率是(   ).

    A. 60%   B. 30%   C. 10%   D. 50%

14. 利用简单随机抽样从含有 6 个个体的总体中抽取一个容量为 3 的样本,则总体中每个个体被抽到的概率是(   ).

    A. $\dfrac{1}{2}$ B. $\dfrac{1}{3}$ C. $\dfrac{1}{6}$ D. $\dfrac{1}{4}$

15. 从甲、乙等 5 名学生中随机选出 2 人,则甲被选中的概率为(   ).

    A. $\dfrac{2}{5}$ B. $\dfrac{9}{25}$ C. $\dfrac{8}{25}$ D. $\dfrac{1}{5}$

16. 同时抛投两枚质地均匀的硬币,则两枚硬币均正面向上的概率为(   ).

    A. $\dfrac{1}{4}$ B. $\dfrac{1}{2}$ C. $\dfrac{3}{4}$ D. 1

17. 某袋中有 9 个大小相同的球,其中有 5 个红球,4 个白球,现从中任意取出 1 个,则取出的球恰好是白球的概率为(   ).

    A. $\dfrac{1}{5}$ B. $\dfrac{1}{4}$ C. $\dfrac{4}{9}$ D. $\dfrac{5}{9}$

18. 从 1,2,3,4 中任取 2 个不同的数,则取出的 2 个数之差的绝对值为 2 的概率是(   ).

    A. $\dfrac{1}{2}$ B. $\dfrac{1}{3}$ C. $\dfrac{1}{4}$ D. $\dfrac{1}{6}$

19. 同时掷 3 枚硬币,至少有 1 枚正面向上的概率是(   ).

    A. $\dfrac{7}{8}$ B. $\dfrac{5}{8}$ C. $\dfrac{3}{8}$ D. $\dfrac{1}{8}$

二、综合运用

20. 某学校高三年级共有 11 个班,其中 1～4 班为文科班,5～11 班是理科班,现从该校文科班和理科班中各选一个班的学生参加学校组织的一项公益活动,则所选两个班的序号之积为 3 的倍数的概率为_____.

21. 甲、乙两个箱子里各装有 2 个红球和 1 个白球,现从两个箱子中随机各取一个球,则至少有一个红球的概率为_____.

22. 投掷两颗相同的正方体骰子(骰子质地均匀,且各个面上依次标有点数 1、2、3、4、5、6)一次,则两颗骰子向上点数之积等于 12 的概率为_____.

17.3 几何概型

知识要点 ▶

1. 重难点:掌握几何概型中概率的计算公式并能将实际问题转化为几何概型,并正确应用几何概型的概率计算公式解决问题.

2. 考纲要求:(1)了解几何概型的意义,并能正确应用几何概型的概率计算公式解决问题.

(2)了解随机数的意义,能运用模拟方法估计概率.

课时训练 ▶

一、基础训练

1. 从一批羽毛球产品中任取一个,其质量小于 4.8 g 的概率为 0.3,质量小于 4.85 g 的概率为 0.32,那么质量在 $[4.8, 4.85]$(g)范围内的概率是(　　).

　　A. 0.62　　　　　　B. 0.38　　　　　　C. 0.02　　　　　　D. 0.68

2. 在长为 10 cm 的线段 AB 上任取一点 P,并以线段 AP 为边作正方形,这个正方形的面积介于 25 cm² 与 49 cm² 之间的概率为(　　).

　　A. $\dfrac{3}{10}$　　　　　　B. $\dfrac{1}{5}$　　　　　　C. $\dfrac{2}{5}$　　　　　　D. $\dfrac{4}{5}$

3. 同时转动如图所示的两个转盘,记转盘甲得到的数为 x,转盘乙得到的数为 y,构成数对 (x, y),则所有数对 (x, y) 中满足 $xy = 4$ 的概率为(　　).

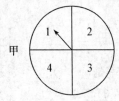

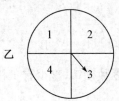

第 3 题图

A. $\dfrac{1}{16}$ B. $\dfrac{2}{16}$ C. $\dfrac{3}{16}$ D. $\dfrac{1}{4}$

4. 如图,是由一个圆、一个三角形和一个长方形构成的组合体,现用红、蓝两种颜色为其涂色,每个图形只能涂一种颜色,则三个形状颜色不全相同的概率为(　　).

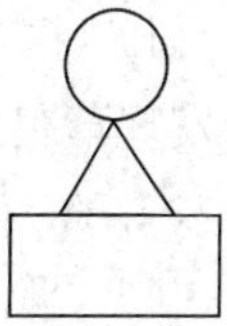

     A. $\dfrac{3}{4}$ B. $\dfrac{3}{8}$

     C. $\dfrac{1}{4}$ D. $\dfrac{1}{8}$

第4题图

5. 两人相约 7 点到 8 点在某地会面,先到者等候另一人 20 分钟,过时离去. 则求两人会面的概率为(　　).

     A. $\dfrac{1}{3}$ B. $\dfrac{4}{9}$

     C. $\dfrac{5}{9}$ D. $\dfrac{7}{10}$

6. 如图,某人向圆内投镖,如果他每次都投入圆内,那么他投中正方形区域的概率为(　　)

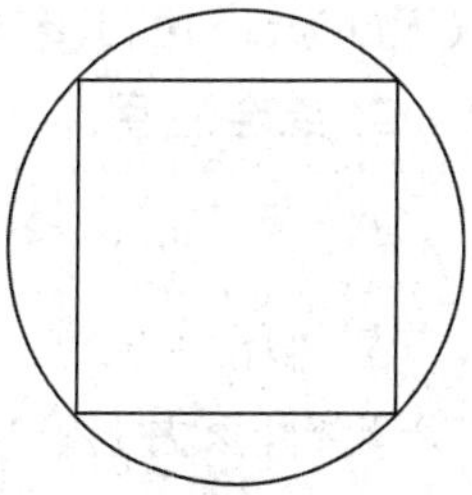

     A. $\dfrac{2}{\pi}$ B. $\dfrac{1}{\pi}$

     C. $\dfrac{2}{3}$ D. $\dfrac{1}{3}$

第6题图

7. 如图,有一圆盘其中的阴影部分的圆心角为 $45°$,若向圆内投镖,如果某人每次都投入圆内,那么他投中阴影部分的概率为(　　).

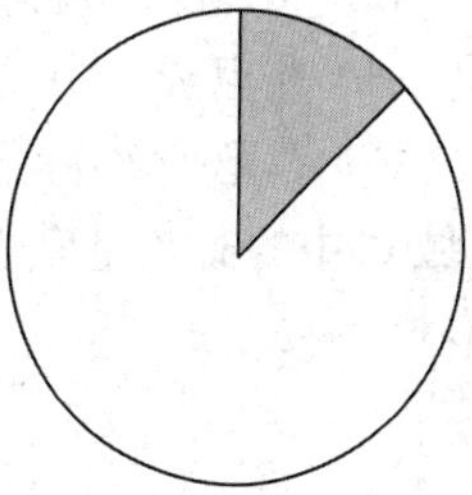

     A. $\dfrac{1}{8}$ B. $\dfrac{1}{4}$

     C. $\dfrac{1}{2}$ D. $\dfrac{3}{4}$

第7题图

8. 现有 100 ml 的蒸馏水,假定里面有一个细菌,现从中抽取 20 ml 的蒸馏水,则抽到细菌的概率为(　　).

     A. $\dfrac{1}{100}$ B. $\dfrac{1}{20}$ C. $\dfrac{1}{10}$ D. $\dfrac{1}{5}$

9. 一艘轮船只有在涨潮的时候才能驶入港口,已知该港口每天涨潮的时间为早晨 5:00 至 7:00 和下午 5:00 至 6:00,则该船在一昼夜内可以进港的概率是(　　).

     A. $\dfrac{1}{4}$ B. $\dfrac{1}{8}$ C. $\dfrac{1}{10}$ D. $\dfrac{1}{12}$

10. 在区间 $[0,10]$ 中任意取一个数,则它与 4 之和大于 10 的概率是(　　).

     A. $\dfrac{1}{5}$ B. $\dfrac{2}{5}$ C. $\dfrac{3}{5}$ D. $\dfrac{2}{7}$

11. 若过正三角形 ABC 的顶点 A 任作一条直线 L,则 L 与线段 BC 相交的概率为(　　).

A. $\dfrac{1}{2}$　　　　B. $\dfrac{1}{3}$　　　　C. $\dfrac{1}{6}$　　　　D. $\dfrac{1}{12}$

12. 在 $500\ \text{ml}$ 的水中有一个草履虫,现从中随机取出 $2\ \text{ml}$ 水样放到显微镜下观察,则发现草履虫的概率是(　　).

A. 0.5　　　　B. 0.4　　　　C. 0.004　　　　D. 不能确定

13. 平面上画了一些彼此相距 $2a$ 的平行线,把一枚半径 $r<a$ 的硬币任意掷在这个平面上,求硬币不与任何一条平行线相碰的概率(　　).

A. $\dfrac{r}{a}$　　　　B. $\dfrac{r}{2a}$　　　　C. $\dfrac{a-r}{a}$　　　　D. $\dfrac{a-r}{2a}$

14. 已知地铁列车每 $10\ \text{min}$ 一班,在车站停 $1\ \text{min}$.则乘客到达站台立即乘上车的概率为_____.

15. 随机向边长为 2 的正方形 $ABCD$ 中投一点 P,则点 P 与 A 的距离不小于 1 且与 $\angle CPD$ 为锐角的概率是_____.

二、综合应用

16. 在区间 $(0,1)$ 中随机地取出两个数,则两数之和小于 $\dfrac{5}{6}$ 的概率是_____.

17. 假设你家订了一份报纸,送报人可能在早上 $6{:}30\sim7{:}30$ 之间把报纸送到你家,你父亲离开家去上班的时间为早上 $7{:}00\sim8{:}00$ 之间,你父亲在离开家前能拿到报纸的概率为_____.

18. 飞镖随机地掷在下面的靶子上.

(1) 在靶子 1 中,飞镖投到区域 A、B、C 的概率是多少?

(2) 在靶子 1 中,飞镖投在区域 A 或 B 中的概率是多少? 在靶子 2 中,飞镖没有投在区域 C 中的概率是多少?

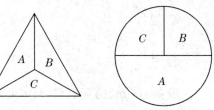

第18题图

综合测试

一、选择题

1. 下列说法正确的是(　　).

A. 如果一事件发生的概率为十万分之一,说明此事件不可能发生

B. 如果一事件不是不可能事件,说明此事件是必然事件

C. 概率的大小与不确定事件有关

D. 如果一事件发生的概率为 99.999%,说明此事件必然发生

2. 从一个不透明的口袋中摸出红球的概率为 1/5,已知袋中红球有 3 个,则袋中共有除颜色外完全相同的球的个数为(　　).

  A. 5 个   B. 8 个   C. 10 个   D. 15 个

3. 下列事件为确定事件的有(　　).

(1) 在一标准大气压下,20 ℃的纯水结冰.

(2) 平时的百分制考试中,小白的考试成绩为 105 分.

(3) 抛一枚硬币,落下后正面朝上.

(4) 边长为 a,b 的长方形面积为 ab.

  A. 1 个   B. 2 个   C. 3 个   D. 4 个

4. 从装有除颜色外完全相同的 2 个红球和 2 个白球的口袋内任取 2 个球,那么互斥而不对立的两个事件是(　　).

  A. 至少有 1 个白球,都是白球   B. 至少有 1 个白球,至少有 1 个红球

  C. 恰有 1 个白球,恰有 2 个白球   D. 至少有 1 个白球,都是红球

5. 从数字 1,2,3,4,5 中任取三个数字,组成没有重复数字的三位数,则这个三位数大于 400 的概率是(　　).

  A. 2/5   B. 2/3   C. 2/7   D. 3/4

6. 从一副扑克牌(54 张)中抽取一张牌,抽到牌"K"的概率是(　　).

  A. 1/54   B. 1/27   C. 1/18   D. 2/27

7. 同时掷两枚骰子,所得点数之和为 5 的概率为(　　).

  A. 1/4   B. 1/9   C. 1/6   D. 1/12

8. 在所有的两位数(10~99)中,任取一个数,则这个数能被 2 或 3 整除的概率是(　　).

  A. 5/6   B. 4/5   C. 2/3   D. 1/2

9. 甲、乙两人下棋,甲获胜的概率为 40%,甲不输的概率为 90%,则甲、乙两人下成和棋的概率为(　　).

  A. 60%   B. 30%   C. 10%   D. 50%

10. 根据多年气象统计资料,某地 6 月 1 日下雨的概率为 0.45,阴天的概率为 0.20,则该日晴天的概率为(　　).

  A. 0.65   B. 0.55   C. 0.35   D. 0.75

二、填空题

11. 对于①"一定发生的",②"很可能发生的",③"可能发生的",④"不可能发生的",⑤"不太可能发生的"这 5 种生活现象,发生的概率由小到大排列为(填序号)_____.

12. 在 10000 张有奖明信片中,设有一等奖 5 个,二等奖 10 个,三等奖 100 个,从中随意买 l 张.

(1) P(获一等奖)=_____,P(获二等奖)=_____,P(获三等奖)=_____.

(2) P(中奖)=_____,P(不中奖)=_____.

13. 同时抛掷两枚骰子,则至少有一个 5 点或 6 点的概率是_____.

14. 下表为初三某班被录取高一级学校的统计表:

	重点中学	普通中学	其他学校	合计
男生/人	18	7	1	
女生/人	16	10	2	
合计/人				

(1) 完成表格.

(2) P(录取重点中学的学生)＝_____；P(录取普通中学的学生)＝_____；P(录取的女生)＝_____.

三、解答题

15. 由经验得知,在某商场付款处排队等候付款的人数及概率如下表:

排队人数	0	1	2	3	4	5 人以上
概率	0.1	0.16	0.3	0.3	0.1	0.04

(1) 至多有 2 人排队的概率是多少?

(2) 至少有 2 人排队的概率是多少?

16. 袋中有除颜色外完全相同的红、黄、白三种颜色的球各一个,从中每次任取 1 个. 有放回地抽取 3 次,求:

(1) 3 个全是红球的概率；

(2) 3 个颜色全相同的概率；

(3) 3 个颜色不全相同的概率；

(4) 3 个颜色全不相同的概率.

17. 某地区的年降水量在下列范围内的概率如下表所示:

年降水量/mm	[100,150)	[150,200)	[200,250)	[250,300)
概率	0.12	0.25	0.16	0.14

(1) 求年降水量在 [100,200)(mm) 范围内的概率；

(2) 求年降水量在 $[150,300)$ (mm) 范围内的概率.

18. 抛掷一均匀的正方体玩具(各面分别标有数 $1,2,3,4,5,6$),若事件 A 为"朝上一面的数是奇数",事件 B "朝上一面的数不超过 3",求 $P(A+B)$.

下面的解法是否正确? 为什么? 若不正确给出正确的解法.

解 因为 $P(A+B)=P(A)+P(B)$,而 $P(A)=3/6=1/2,P(B)=3/6=1/2$,
所以 $P(A+B)=1/2+1/2=1$.

19. 一年按 365 天计算,两名学生的生日相同的概率是多少?

20. 抽签口试,共有 10 张不同的考签. 每个考生抽 1 张考签,抽过的考签不再放回. 考生王某会答其中 3 张,他是第 5 个抽签者,求王某抽到会答考签的概率.

第十八章　随机变量及其分布

18.1　离散型随机变量及其分布列

知识要点 ▶

1. 随机变量.

如果随机试验的＿＿＿＿＿可以用一个变量来表示,那么这样的变量叫作随机变量.随机变量常用希腊字母＿＿＿＿＿等表示.

2. 离散型随机变量.

对于随机变量 ξ 可能取的值可以＿＿＿＿＿,这样的随机变量叫作离散型随机变量.

3. 连续型随机变量.

对于随机变量可能取的值可以取＿＿＿＿＿＿＿＿＿＿,这样的变量就叫作连续型随机变量.

4. 离散型随机变量分布列如下.

ξ	x_1	x_2	$\cdots$	x_i	$\cdots$
P	P_1	P_2	$\cdots$	P_i	$\cdots$

它的两个性质:(1) ＿＿＿＿＿＿＿＿＿＿;(2) ＿＿＿＿＿＿＿＿＿＿.

5. 离散型随机变量的二项分布.

在 n 次独立重复试验中这个事件发生的次数 ξ 是一个随机变量,它的概率分布如下:

ξ	0	1	$\cdots$	k	$\cdots$	＿＿＿＿＿
P	$C_n^0 p^0 q^n$	$C_n^1 p^1 q^{n-1}$	$\cdots$		$\cdots$	$C_n^n p^n q^0$

由于 $C_n^k p^k q^{n-k}$ 恰好是二项展开式的第 $k+1$ 项,所以我们称这样的随机变量 ξ 服从参数 (n,p) 的二项分布,记作:＿＿＿＿＿.

6. 离散型随机变量的几何分布.

在独立重复试验中,某事件第一次发生时,所作试验的次数 ξ 的概率分布如下:

ξ	1	2	3	$\cdots$	k	$\cdots$
P	p	pq	＿＿＿＿＿	$\cdots$	＿＿＿＿＿	$\cdots$

称这样的随机变量 ξ 服从参数 k,p 的几何分布,记作＿＿＿＿＿.

课时训练

一、基础训练

1. 如果 ξ 是一个离散型随机变量,则假命题是(　　).

    A. ξ 取每一个可能值的概率都是非负数

    B. ξ 取所有可能值的概率之和为1

    C. ξ 取某几个值的概率等于分别取其中每个值的概率之和

    D. ξ 在某一范围内取值的概率大于它取这个范围内各个值的概率之和

2. 设离散型随机变量 X 的分布列为:(　　).

X	1	2	3	4
P	$\frac{1}{6}$	$\frac{1}{3}$	$\frac{1}{6}$	P

    A. $\frac{1}{4}$ B. $\frac{1}{2}$ C. $\frac{1}{3}$ D. $\frac{1}{6}$

3. 某地人群中高血压的患病率为 π,由该地区随机抽查 n 人,则(　　).

    A. 样本患病率 $p = X/n$ 服从 $B(n,\pi)$

    B. n 人中患高血压的人数 X 服从 $B(n,\pi)$

    C. 患病人数与样本患病率均不服从 $B(n,\pi)$

    D. 患病人数与样本患病率均服从 $B(n,\pi)$

4. 从装有红、绿、蓝三种颜色的乒乓球各 500、300、200 只的暗箱中随机取出 10 个球,以 X 代表所取出球中的红色球数,则 X 服从(　　).

    A. $B(500,0.5)$ B. $B(10,0.5)$ C. $B(10,0.3)$ D. 以上都不对

5. 设随机变量 $X \sim B\left(6,\frac{1}{2}\right)$,则 $P(X=3)$ 等于(　　).

    A. $\frac{5}{16}$ B. $\frac{3}{16}$ C. $\frac{5}{8}$ D. $\frac{7}{16}$

6. 袋中有 3 个红球、2 个白球,从中任取 2 个,用 X 表示取到白球的个数,则 X 的分布列为(　　).

A.

X	0	1	2	3
P	$\frac{C_3^0 C_2^2}{C_5^2}$	$\frac{C_3^1 C_2^1}{C_5^2}$	$\frac{C_3^2 C_2^0}{C_5^2}$	$\frac{C_3^3}{C_5^2}$

B.

X	0	1	2
P	$\frac{C_2^0}{C_5^2}$	$\frac{C_2^1}{C_5^2}$	$\frac{C_2^2}{C_5^2}$

C.

X	0	1	2	3
P	$\frac{C_2^0}{C_5^2}$	$\frac{C_2^1}{C_3^2}$	$\frac{C_2^2}{C_5^2}$	$\frac{C_2^3}{C_5^2}$

D.

X	0	1	2
P	$\frac{C_3^2 C_2^0}{C_5^2}$	$\frac{C_3^1 C_2^1}{C_5^2}$	$\frac{C_3^0 C_2^2}{C_5^2}$

7. 炮击命中目标的概率为 0.2,共发射了 14 发炮弹.已知至少要两发炮弹命中目标才能摧毁之,则摧毁目标的概率为_____.

8. 某一中学生心理咨询中心服务电话接通率为 $\frac{3}{4}$,某班 3 名同学商定明天分别就同一问题询问该服务中心. 且每人只拨打一次,写出他们中成功咨询的人数 ξ 的分布列.

9. 一袋中装有 6 只球,编号为 1,2,3,4,5,6,在袋中同时取 3 只,求三只球中的最大号码 ξ 的分布列.

10. 袋中有 8 个白球、2 个黑球,从中随机地连续抽取 3 次,每次取 1 个球. 求:
(1) 有放回抽样时,取到黑球的个数 X 的分布列;
(2) 不放回抽样时,取到黑球的个数 Y 的分布列.

二、综合应用

11. 已知随机变量 ξ 服从二项分布,$\xi \sim B(6, 1/3)$,则 $P(\xi=2)$ 等于(   ).
   A. 3/16   B. 4/243   C. 13/243   D. 80/243

12. 设随机变量 $\xi \sim B(2, p)$,随机变量 $\eta \sim B(3, p)$,若 $P(\xi \geqslant 1) = \frac{5}{9}$,则 $P(\eta \geqslant 1) = $ (   ).

   A. $\frac{1}{3}$ B. $\frac{5}{9}$ C. $\frac{8}{27}$ D. $\frac{19}{27}$

13. 一袋中有 5 个白球,3 个红球,现从袋中往外取球,每次任取一个记下颜色后放回,直到红球出现 10 次时停止,设停止时共取了 ξ 次球,则 $P(\xi=12)=$(   ).

   A. $C_{12}^{10}\left(\frac{3}{8}\right)^{10}\left(\frac{5}{8}\right)^{2}$ B. $C_{11}^{9}\left(\frac{3}{8}\right)^{10}\left(\frac{5}{8}\right)^{2}$

   C. $C_{11}^{9}\left(\frac{3}{8}\right)^{2}\left(\frac{5}{8}\right)^{9}$ D. $C_{11}^{9}\left(\frac{3}{8}\right)^{9}\left(\frac{5}{8}\right)^{2}$

14. 设随机变量 ξ 的分布列为 $P(\xi=i)=a \cdot \left(\frac{1}{3}\right)^{i}$,$i=1,2,3$,则 a 的值为(   ).
   A. 1   B. 9/13   C. 11/13   D. 27/13

15. 某射手有 5 发子弹,射击一次命中概率为 0.9,如果命中就停止射击,否则一直到子弹用尽,求耗用子弹数 ξ 的分布列.

18.2 二项分布及其应用

知识要点 ▶

1. 期望和方差的定义

一般地,若离散型随机变量 ξ 的概率分布为

ξ	x_1	x_2	$\cdots$	x_n	$\cdots$
P	p_1	p_2	$\cdots$	p_n	$\cdots$

则 $E\xi=$ ＿＿＿＿＿＿＿＿＿ 称为 ξ 的数学期望,简称期望. $D\xi=$ ＿＿＿＿＿＿＿＿＿ ＿＿＿＿＿＿＿＿称为随机变量 ξ 的均方差,简称为方差. $D\xi$ 的算术平方根 $\sqrt{D\xi}$ 叫作随机变量 ξ 的标准差,记作 $\sigma\xi$.

2. 随机变量 ξ 的期望、方差和标准差都是随机变量 ξ 的特征数,数学期望反映了离散型随机变量取值的＿＿＿＿＿＿.方差和标准差都反映了随机变量取值＿＿＿＿＿＿的平均程度.

3. 若 $\xi\sim B(n,p)$,则 $E\xi=$ ＿＿＿＿＿＿, $D\xi=$ ＿＿＿＿＿＿.

4. $E(a\xi+b)=$ ＿＿＿＿＿＿, $D(a\xi+b)=$ ＿＿＿＿＿＿.

课时训练 ▶

一、基础训练

1. 如果事件 A 与 B 相互独立,那么下面各对事件不相互独立的是( ).

    A. A 与 $\bar{B}$ B. $\bar{A}$ 与 B C. $\bar{A}$ 与 $\bar{B}$ D. A 与 $\bar{A}$

2. $P(B|A)$ 的范围是( ).

    A. $(0,1)$ B. $[0,1]$ C. $(0,1]$ D. 1

3. 若 $X \sim B(10, 0.8)$，则 $P(X=8)$ 等于( ).

    A. $C_{10}^8 \times 0.8^8 \times 0.2^2$ B. $C_{10}^8 \times 0.8^2 \times 0.2^8$

    C. $0.8^8 \times 0.2^2$ D. $0.8^2 \times 0.2^8$

4. 在 5 道题中有 3 道数学题和 2 道物理题. 如果不放回地依次抽取 2 道题，则在第 1 次抽到数学题的条件下，第 2 次抽到数学题的概率是( ).

    A. $\dfrac{3}{5}$ B. $\dfrac{2}{5}$ C. $\dfrac{1}{2}$ D. $\dfrac{1}{3}$

5. 打靶时，甲每打 10 次可中靶 8 次；乙每打 10 次可中靶 7 次，若两人同时射击一目标，则他们都中靶的概率是( ).

    A. $\dfrac{12}{25}$ B. $\dfrac{14}{25}$ C. $\dfrac{3}{4}$ D. $\dfrac{3}{5}$

6. 设 $X \sim B(3, p)$，且 $P(X=2) = \dfrac{54}{125}$，则成功概率 p 等于( ).

    A. $\dfrac{3}{5}$ B. $\dfrac{2}{5}$ C. $\dfrac{1}{5}$ D. $\dfrac{1}{10}$

7. 设某批电子手表正品率为 $\dfrac{3}{4}$，次品率为 $\dfrac{1}{4}$，现对该批电子手表进行测试，设第 X 次首次测到正品，则 $P(X=3)$ 等于( ).

    A. $C_3^2 \left(\dfrac{1}{4}\right)^2 \times \left(\dfrac{3}{4}\right)$ B. $C_3^2 \left(\dfrac{3}{4}\right)^2 \times \left(\dfrac{1}{4}\right)$

    C. $\left(\dfrac{1}{4}\right)^2 \times \left(\dfrac{3}{4}\right)$ D. $\left(\dfrac{3}{4}\right)^2 \times \left(\dfrac{1}{4}\right)$

8. 用 10 个均匀材料做成的各面上分别标有数字 1, 2, 3, 4, 5, 6 的正方体玩具，每次同时抛出，共抛 5 次，则至少有一次全部都是同一数字的概率是( ).

    A. $\left[1 - \left(\dfrac{5}{6}\right)^{10}\right]^5$ B. $\left[1 - \left(\dfrac{5}{6}\right)^5\right]^{10}$

    C. $\left[1 - \left(\dfrac{5}{6}\right)^5\right]^9$ D. $1 - \left[1 - \left(\dfrac{1}{6}\right)^9\right]^5$

9. 设事件 A, B, C 满足条件 $P(A) > 0$，B 和 C 互斥，则 $P(B \cup C | A) = $ _____.

10. 甲、乙两同学同时解一道数学题. 设事件 A："甲做对"，事件 B："乙做对"，则事件："甲、乙恰有一人做对"表示为 _____.

11. 设 $X \sim B\left(4, \dfrac{1}{3}\right)$，则 $P(1 < X \leqslant 2) = $ _____.

12. 设 A, B 为两个事件，若事件 A 和事件 B 同时发生的概率为 $\dfrac{3}{10}$，在事件 A 发生的条件下，事件 B 发生的概率为 $\dfrac{1}{2}$，则事件 A 发生的概率为 _____.

13. 制造一种零件，甲机床的正品率是 0.96，乙机床的正品率是 0.95，从他们制造的产品中各任抽一件，则两件都是正品的概率是 _____.

14. 在一次试验中随机事件 A 发生的概率是 P，设在 $k (k \in \mathbf{N}^*)$ 次独立重复试验中随机事件 A 发生 k 次的概率为 P_k，则 $P_1 + P_2 + \cdots + P_n = $ _____.

二、综合应用

15. 甲、乙两门高射炮同时向一敌机开炮,已知甲击中敌机的概率为 0.6,乙击中敌机的概率为 0.8,求敌机被击中的概率(用两种方法求解).

16. 有甲乙两个箱子,甲箱中有 6 个小球,其中 1 个标记 0 号,2 个小球标记 1 号,3 个小球标记 2 号;乙箱装有 7 个小球,其中 4 个小球标记 0 号,一个标记 1 号,2 个标记 2 号.从甲箱中取一个小球,从乙箱中取 2 个小球,一共取出 3 个小球.求:

(1) 取出的 3 个小球都是 0 号的概率;

(2) 取出的 3 个小球号码之积是 4 的概率.

18.3 离散型随机变量的均值与方差

知识要点 ▶

一般地,若离散型随机变量 X 的分布列为

X	x_1	x_2	$\cdots$	x_i	$\cdots$	x_n
P	p_1	p_2	$\cdots$	p_i	$\cdots$	p_n

则称

$$EX = x_1 p_1 + x_2 p_2 + \cdots + x_i p_i + \cdots + x_n p_n$$

为随机变量 X 的均值(mean)或数学期望(mathematicalexpectation). 它反映了离散型随机变量取值的平均水平. 而

$$DX = \sum_{i=1}^{n} (x_i - EX)^2 p_i$$

为这些偏离程度的加权平均,刻画了随机变量 X 与其均值 EX 的平均偏离程度. 我们称 DX 为随机变量 X 的方差(variance),其算术平方根 $\sqrt{DX}$ 为随机变量 X 的标准差(standarddeviation),记作 σX.

若 $Y = aX + b$,其中 a, b 为常数,则

$$EY=E(aX+b)=aEX+b,$$
$$DY=D(aX+b)=a^2DX;$$

若 $X\sim B(n,p)$,则 $EX=np,DX=np(1-p)$

课时训练 ▶

一、基础训练

1. 已知 ξ 的分布列为

ξ	-1	0	1	2
P	$\dfrac{1}{4}$	$\dfrac{3}{8}$	$\dfrac{1}{4}$	$\dfrac{1}{8}$

则 ξ 的均值为(   ).

  A. 0   B. -1 C. $\dfrac{1}{8}$ D. $\dfrac{1}{4}$

2. 某种种子每粒发芽的概率都为 0.9,现播种了 1000 粒,对于没有发芽的种子,每粒需再补种 2 粒,补种的种子数记为 X,则 X 的数学期望为(   ).

  A. 100   B. 200   C. 300   D. 400

3. 已知 $Y=5X+1,E(Y)=6$,则 $E(X)$ 的值为(   ).

  A. 6   B. 5   C. 1   D. 7

4. 今有两台独立工作的雷达,每台雷达发现飞行目标的概率分别为 0.9 和 0.85,设发现目标的雷达台数为 X,则 $E(X)=$(   ).

  A. 0.765   B. 1.75   C. 1.765   D. 0.22

5. 设随机变量 X 的分布列如下表,且 $E(X)=1.6$,则 $a-b=$(   ).

X	0	1	2	3
P	0.1	a	b	0.1

  A. 0.2   B. 0.1   C. -0.2 D. -0.4

6. 已知 ξ 的分布列为:

ξ	1	2	3	4
P	$\dfrac{1}{4}$	$\dfrac{1}{3}$	$\dfrac{1}{6}$	$\dfrac{1}{4}$

则 $D(\xi)$ 的值为(   ).

  A. $\dfrac{29}{12}$ B. $\dfrac{121}{144}$ C. $\dfrac{179}{144}$ D. $\dfrac{17}{12}$

7. 已知 $X\sim B(n,p),E(X)=2,D(X)=1.6$,则 n,p 的值分别为(   ).

  A. 100,0.8   B. 20,0.4   C. 10,0.2   D. 10,0.8

8. 设一随机试验的结果只有 A 和 $\bar{A}$,且 $P(A)=m$,令随机变量 $\xi=\begin{cases}1,A\ \text{发生},\\ 0,\bar{A}\ \text{不发生},\end{cases}$ 则 ξ 的方差 $D(\xi)$ 等于(   ).

A. m B. $2m(1-m)$ C. $m(m-1)$ D. $m(1-m)$

9. 设随机变量 ξ 的分布列为 $P(\xi=k)=C_n^k\left(\frac{2}{3}\right)^k\left(\frac{1}{3}\right)^{n-k}$, $k=0,1,2,\cdots,n$, 且 $E(\xi)=24$, 则 $D(\xi)$ 的值为( ).

     A. 8   B. 12   C. $\frac{2}{9}$ D. 16

10. 设 15000 件产品中有 1000 件次品, 从中抽取 150 件进行检查, 则查得次品数的数学期望为_____.

11. 随机变量 X 的分布列为

X	1	2	4
P	0.5	0.2	0.3

则 $E(3X+4)=$_____.

12. 对某个数学题, 甲解出的概率为 $\frac{2}{3}$, 乙解出的概率为 $\frac{3}{4}$, 两人独立解题. 记 X 为解出该题的人数, 则 $E(X)=$_____.

13. 一个均匀小正方体的六个面中, 三个面上标有数 0, 两个面上标有数 1, 一个面上标有数 2, 将这个小正方体抛掷 2 次, 则向上的数之积的数学期望是_____.

14. 若随机变量 $X \sim B(n, 0.6)$, 且 $E(X)=3$, 则 $P(X=1)$ 的值是_____.

15. 下列说法正确的是_____填序号.

① 离散型随机变量 X 的期望 $E(X)$ 反映了 X 取值的概率的平均值; ② 离散型随机变量 X 的方差 $V(X)$ 反映了 X 取值的平均水平; ③ 离散型随机变量 X 的期望 $E(X)$ 反映了 X 取值的平均水平; ④ 离散型随机变量 X 的方差 $V(X)$ 反映了 X 取值的概率的平均值

16. 若随机变量 ξ 的分布列如下:

ξ	0	1	x
P	$\frac{1}{5}$	p	$\frac{3}{10}$

且 $E(\xi)=1.1$, 则 $D(\xi)=$_____.

17. 已知随机变量 X 的分布列表如下:

X	1	2	3	4	5	6
P	0.20	0.10	0.5	0.10	0.1	0.20

(1) 求 $P(X=3)$ 及 $P(X=5)$ 的值;

(2) 求 $E(X)$;

(3) 若 $\eta=2X-E(X)$, 求 $E(\eta)$.

二、综合应用

18. 某商场为刺激消费,拟按以下方案进行促销:顾客每消费 500 元便得到奖券一张,每张奖券的中奖概率为 $\frac{1}{2}$,若中奖,商场返回顾客现金 100 元. 某顾客现购买价格为 2300 元的台式电脑一台,得到奖券 4 张.

(1) 设该顾客中奖的奖券张数为 X,求 X 的分布列;

(2) 设该顾客购买台式电脑的实际支出为 Y 元,用 X 表示 Y,并求 Y 的数学期望.

19. 一次数学测验有 25 道选择题构成,每道选择题有 4 个选项,其中有且只有一个选项正确,每选一个正确答案得 4 分,不做出选择或选错的不得分,满分 100 分,某学生选对任一题的概率为 0.8,则此学生在这一次测试中的成绩的期望为＿＿＿＿;方差为＿＿＿＿.

20. 设 ξ 是一个离散型随机变量,其分布列如表所示:

ξ	-1	0	1
P	$\frac{1}{2}$	$1-2q$	q^2

试求 $E(\xi)$、$D(\xi)$.

18.4 正态分布

知识要点 ▶

1. 正态分布密度函数:

$$(f(x)=\frac{1}{\sqrt{2\pi}\sigma}e^{-\frac{(x-\mu)^2}{2\sigma^2}},x\in(-\infty,+\infty)\sigma>0)$$

其中 $\mu,\sigma(\sigma>0)$,是两个参数,分别表示总体的＿＿＿＿和＿＿＿＿. 正态分布由均

值 μ 和标准差 σ 唯一决定,记为 $N(\mu,\sigma^2)$.

2. 正态曲线的性质:

(1) 曲线在 x 轴的_____,与 x 轴不相交.

(2) 曲线关于直线_____对称.

(3) 当 $x=\mu$ 时,曲线位于最高点,峰值为_____.

(4) 当 $x<\mu$ 时,曲线上升(增函数);当 $x>\mu$ 时,曲线下降(减函数).并且当曲线向左、右两边无限延伸时,以 x 轴为渐近线,向它无限靠近.

(5) μ 一定时,曲线的形状由 σ 确定.

σ 越大,曲线越"矮胖",总体分布越分散;

σ 越小.曲线越"瘦高".总体分布越集中.

3. 标准正态曲线:当 $\mu=0$, $\sigma=1$ 时,正态分布称为标准正态分布,其相应的函数表示式是_____,其相应的曲线称为标准正态曲线.

课时训练 ▶

一、基础训练

1. 已知正态分布曲线关于 y 轴对称,则 μ 值为( ).

    A. 1   B. -1 C. 0   D. 不确定

2. 正态分布有两个参数 μ 与 σ,( )相应的正态曲线的形状越"矮胖".

    A. μ 越大   B. μ 越小   C. σ 越大   D. σ 越小

3. 标准正态分布的均值与标准差分别为( ).

    A. 0 与 1   B. 1 与 0   C. 0 与 0   D. 1 与 1

4. 若 $x \sim N(0,1)$,则 $P(x<1)=$( ).

    A. $\Phi(1)$ B. $1-\Phi(-1)$ C. $\Phi(0)$ D. $1-\Phi(1)$

5. 正态分布 $N(0,1)$ 在区间 $(-2,-1)$ 和 $(1,2)$ 上的取值的概率分别为 p_1,p_2,则 p_1, p_2 的大小关系为( ).

    A. $p_1<p_2$ B. $p_1=p_2$ C. $p_1>p_2$ D. 不确定

6. 设随机变量 ξ 服从标准正态分布 $N(0,1)$,若 $P(\xi>1)=P$,则 $P(-1<\xi<0)=$( ).

    A. $\dfrac{P}{2}$ B. $1-P$ C. $1-2P$ D. $\dfrac{1}{2}-P$

7. 若 $x \sim N(0,1)$,则 $P(x<-1)=$( ).

    A. $\Phi(1)$ B. $1-\Phi(-1)$ C. $\Phi(0)$ D. $1-\Phi(1)$

8. 已知随机变量 ξ 服从正态分布 $N(3,a^2)$,则 $P(\xi<3)=$( ).

    A. $\dfrac{1}{5}$ B. $\dfrac{1}{4}$ C. $\dfrac{1}{3}$ D. $\dfrac{1}{2}$

9. 利用标准正态分布表,求标准正态分布在下面区间取值的概率.

(1) $P(0 \leqslant x \leqslant 1)=$_____;

(2) $P(1 \leqslant x \leqslant 3) =$ _____.

10. 已知正态总体落在区间 $(0.2, +\infty)$ 的概率是 0.5,那么相应的正态曲线在 $x =$ _____时达到最高点.

二、综合应用

11. 某市组织一次高三调研考试,考试后统计的数学成绩服从正态分布,其密度函数为 $f(x) = \dfrac{1}{\sqrt{2\pi} \cdot 10} e^{-\frac{(x-80)^2}{200}} (x \in R)$,则下列命题不正确的是(   ).

    A. 该市这次考试的数学平均成绩为 80 分

    B. 分数在 120 分以上的人数与分数在 60 分以下的人数相同

    C. 分数在 110 分以上的人数与分数在 50 分以下的人数相同

    D. 该市这次考试的数学成绩标准差为 10

12. 已知随机变量 ξ 服从正态分布 $N(2, \sigma^2)$,$P(\xi \leqslant 4) = 0.84$,则 $P(\xi \leqslant 0) = ($).

    A. 0.16 B. 0.32 C. 0.68 D. 0.84

13. 设随机变量 ξ 服从正态分布 $N(2, 9)$,若 $P(\xi > c+1) = P(\xi < c-1)$,则 $c = ($).

    A. 1 B. 2 C. 3 D. 4

14. 设随机变量 ξ 服从正态分布 $N(0, 1)$,则下列结论错误的是(   ).

    A. $P(|\xi| < a) = P(|\xi| < a) + P(|\xi| = a) (a > 0)$

    B. $P(|\xi| < a) = 2P(\xi < a) - 1 (a > 0)$

    C. $P(|\xi| < a) = 1 - 2P(\xi < a) (a > 0)$

    D. $P(|\xi| < a) = 1 - P(|\xi| > a) (a > 0)$

15. 某县农民年平均收入服从 $\mu = 500$ 元,$\sigma = 200$ 元的正态分布.

(1) 求此县农民年平均收入在 $500 \sim 520$ 元间人数的百分比;

(2) 如果要使此县农民年平均收入在 $(\mu - a, \mu + a)$ 内的概率不少于 0.95,则 a 至少有多大?

综合测试

一、选择题

1. ① 某寻呼台一小时内收到的寻呼次数 X;② 长江上某水文站观察到一天中的水位 X;③某超市一天中的顾客量 X. 其中的 X 是连续型随机变量的是(   ).

    A. ①   B. ②   C. ③   D. ①②③

2. 袋中有 2 个黑球 6 个红球,从中任取两个,可以作为随机变量的是(   ).

    A. 取到的球的个数   B. 取到红球的个数

    C. 至少取到一个红球   D. 至少取到一个红球的概率

3. 抛掷两枚骰子各一次,记第一枚骰子掷出的点数与第二枚骰子掷出的点数的差为 X,则"$X>4$"表示试验的结果为( ).

    A. 第一枚为 5 点,第二枚为 1 点   B. 第一枚大于 4 点,第二枚也大于 4 点

    C. 第一枚为 6 点,第二枚为 1 点   D. 第一枚为 4 点,第二枚为 1 点

4. 随机变量 X 的分布列为 $P(X=k)=\dfrac{c}{k(k+1)}$,$k=1$、2、3、4,其中 c 为常数,则 $P\left(\dfrac{1}{2}<X<\dfrac{5}{2}\right)$ 的值为( ).

    A. $\dfrac{4}{5}$ B. $\dfrac{5}{6}$ C. $\dfrac{2}{3}$ D. $\dfrac{3}{4}$

5. 甲射击命中目标的概率是 $\dfrac{1}{2}$,乙命中目标的概率是 $\dfrac{1}{3}$,丙命中目标的概率是 $\dfrac{1}{4}$. 现在三人同时射击目标,则目标被击中的概率为( ).

    A. $\dfrac{3}{4}$ B. $\dfrac{2}{3}$ C. $\dfrac{4}{5}$ D. $\dfrac{7}{10}$

6. 已知随机变量 X 的分布列为 $P(X=k)=\dfrac{1}{3}$,$k=1,2,3$,则 $D(3X+5)$ 等于( ).

    A. 6   B. 9   C. 3   D. 4

7. 口袋中有 5 只球,编号为 $1,2,3,4,5$,从中任取 3 球,以 X 表示取出球的最大号码,则 $EX=$( ).

    A. 4   B. 5   C. 4.5   D. 4.75

8. 某人射击一次击中目标的概率为 $\dfrac{3}{5}$,经过 3 次射击,此人至少有两次击中目标的概率为( ).

    A. $\dfrac{81}{125}$ B. $\dfrac{54}{125}$ C. $\dfrac{36}{125}$ D. $\dfrac{27}{125}$

9. 将一枚硬币连掷 5 次,如果出现 k 次正面的概率等于出现 $k+1$ 次正面的概率,那么 k 的值为( ).

    A. 0   B. 1   C. 2   D. 3

10. 已知 $X\sim B(n,p)$,$E(X)=8$,$D(X)=1.6$,则 n 与 p 的值分别是( ).

    A. 100、0.08 B. 20、0.4 C. 10、0.2 D. 10、0.8

11. 随机变量 $X\sim N(\mu,\sigma^2)$,则随着 σ 的增大,概率 $P(|X-\mu|<3\sigma)$ 将会( ).

    A. 单调增加   B. 单调减小   C. 保持不变   D. 增减不定

12. 某人从家乘车到单位,途中有 3 个交通岗亭. 假设在各交通岗遇到红灯的事件是相互独立的,且概率都是 0.4,则此人上班途中遇红灯的次数的期望为( ).

    A. 0.4 B. 1.2 C. 0.4^3 D. 0.6

二、填空题

13. 一个箱子中装有质量均匀的 10 个白球和 9 个黑球,一次摸出 5 个球,在已知它们的颜色相同的情况下,该颜色是白色的概率是_____.

14. 从一批含有 13 只正品,2 只次品的产品中,不放回地抽取 3 次,每次抽取 1 只,设抽得次品数为 X,则 $E(5X+1)=$ _____.

15. 设一次试验成功的概率为 P,进行 100 次独立重复试验,当 $P=$ _____ 时,成功次数的标准差最大,其最大值是 _____.

16. 已知随机变量 X 的分布列如下表所示且 $EX=1.1$,则 $DX=$ _____.

X	0	1	m
P	$\dfrac{1}{5}$	n	$\dfrac{3}{10}$

三、解答题

17. 某年级的一次信息技术成绩近似服从于正态分布 $N(70,100)$,如果规定低于 60 分为不及格,不低于 90 分为优秀,那么成绩不及格的学生约占多少?成绩优秀的学生约占多少? 参考数据:$P(\mu-\sigma<\xi<\mu+\sigma)=0.6826$,$P(\mu-2\sigma<\xi<\mu+2\sigma)=0.9544$

18. 如图,用 A、B、C 三类不同的元件连接成两个系统 N_1、N_2,当元件 A、B、C 都正常工作时,系统 N_1 正常工作;当元件 A 正常工作且元件 B、C 至少有一个正常工作时,系统 N_2 正常工作.已知元件 A、B、C 正常工作的概率依次为 $0.80,0.90,0.90$,分别求系统 N_1、N_2 正常工作的概率 P_1、P_2.

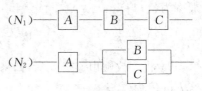

第 18 题图

19. 篮球运动员在比赛中每次罚球命中得 1 分,罚不中得 0 分.已知某运动员罚球命中的概率为 0.7,求

(1) 他罚球 1 次的得分 X 的数学期望;

(2) 他罚球 2 次的得分 Y 的数学期望;

(3) 他罚球 3 次的得分 η 的数学期望.

20. 某班甲、乙、丙三名同学参加省数学竞赛选拔考试,成绩合格可获得参加竞赛的资格. 其中甲同学表示成绩合格就去参加,但乙、丙同学约定:两人成绩都合格才一同参加,否则都不参加. 设每人成绩合格的概率为 $\frac{2}{3}$,求

(1) 三人至少有一人成绩合格的概率;

(2) 去参加竞赛的人数 X 的分布列和数学期望.

21. 某城市出租汽车的起步价为 10 元,行驶路程不超出 4 km 时租车费为 10 元,若行驶路程超出 4 km,则按每超出 1 km 加收 2 元计费(超出不足 1 km 的部分按 1 km 计). 从这个城市的民航机场到某宾馆的路程为 15 km. 某司机经常驾车在机场与此宾馆之间接送旅客,由于行车路线的不同以及途中停车时间要转换成行车路程(这个城市规定,每停车 5 分钟按 1 km 路程计费),这个司机一次接送旅客的行车路程 X 是一个随机变量. 设他所收租车费为 η

(1) 求租车费 η 关于行车路程 X 的关系式;

(2) 若随机变量 X 的分布列为

X	15	16	17	18
P	0.1	0.5	0.3	0.1

求所收租车费 η 的数学期望.

(3) 已知某旅客实付租车费 38 元,而出租汽车实际行驶了 15 km,问出租车在途中因故停车累计最多几分钟?

期末综合测试

一、选择题

1. a,b,c 分别表示三条直线,M 表示平面,给出下列四个命题:

① 若 $a//M,b//M$,则 $a//b$.

② 若 $b\subset M,a//b$,则 $a//M$.

③ 若 $a\perp c,b\perp c$,则 $a//b$.

④若 $a\perp M,b\perp M$,则 $a//b$. 其中正确命题的个数有_____个.

2. 给出下列命题:

①若 $\boldsymbol{a}^2+\boldsymbol{b}^2=0$,则 $\boldsymbol{a}+\boldsymbol{b}=\boldsymbol{0}$.

② 已知 $\boldsymbol{a},\boldsymbol{b},\boldsymbol{c}$ 是三个非零向量,若 $\boldsymbol{a}+\boldsymbol{b}=\boldsymbol{0}$,则 $|\boldsymbol{a}\cdot\boldsymbol{c}|=|\boldsymbol{b}\cdot\boldsymbol{c}|$.

③ 在 $\triangle ABC$ 中,$a=5,b=8,c=7$,则 $\overrightarrow{BC}\cdot\overrightarrow{CA}=20$.

④ $\boldsymbol{a}$ 与 $\boldsymbol{b}$ 是共线向量$\Leftrightarrow\boldsymbol{a}\cdot\boldsymbol{b}=|\boldsymbol{a}||\boldsymbol{b}|$.

其中真命题的序号是_____.（请把你认为是真命题的序号都填上）

3. 下列几个命题:

① 方程 $x^2+(a-3)x+a=0$ 的有一个正实根,一个负实根,则 $a<0$.

② 若 $f(x)$ 的定义域为 $[0,1]$,则 $f(x+2)$ 的定义域为 $[-2,-1]$.

③ 函数 $y=\log_2(-x+1)+2$ 的图像可由 $y=\log_2(-x-1)-2$ 的图像向上平移 4 个单位,向左平移 2 个单位得到.

④ 若关于 x 方程 $|x^2-2x-3|=m$ 有两解,则 $m=0$ 或 $m>4$.

⑤ 若函数 $f(2x+1)$ 是偶函数,则 $f(2x)$ 的图像关于直线 $x=\dfrac{1}{2}$ 对称.

其中正确的有_____.

4. 已知 p 是 r 的充分条件而不是必要条件,q 是 r 的充分条件,s 是 r 的必要条件,q 是 s 的必要条件. 现有下列命题:① s 是 q 的充要条件;② p 是 q 的充分条件而不是必要条件;③ r 是 q 的必要条件而不是充分条件;④ $\neg p$ 是 $\neg s$ 的必要条件而不是充分条件;⑤ r 是 s 的充分条件而不是必要条件,则正确命题序号是(   ).

    A. ①③④   B. ②③④   C. ①②③   D. ①②④

5. 在下列四个结论中,正确的是_____.（填上你认为正确的所有答案的序号）

① "$x\neq0$" 是 "$x+|x|>0$" 的必要不充分条件.

② 已知 $a,b\in R$,则 "$|a+b|=|a|+|b|$" 的充要条件是 $ab>0$.

③ "$\Delta=b^2-4ac<0$" 是 "一元二次方程 $ax^2+bx+c=0$ 无实根" 的充要条件.

④ "$x\neq1$" 是 "$x^2\neq1$" 的充分不必要条件.

6. 某校在"创新素质实践行"活动中组织学生进行社会调查,并对学生的调查报告进行了评比,下面是将某年级 60 篇学生调查报告进行整理,分成 5 组画出的频率分布直方图(如图所示).已知从左至右 4 个小组的频率分别为 $0.05,0.15,0.35,0.30$,那么在这次评比中被评为优秀的调查报告有(分数大于或等于 80 分为优秀且分数为整数)(   ).

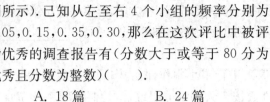

第 6 题图

A. 18 篇   B. 24 篇

C. 25 篇   D. 27 篇

7. $C_n^0 + 2C_n^1 + 4C_n^2 + \cdots + 2^n C_n^n = 729$,则 $C_n^1 + C_n^2 + C_n^3 + \cdots + C_n^n = ($ $)$.

    A. 63   B. 64   C. 31   D. 32

8. 今有两台独立工作的雷达,每台雷达发现飞行目标的概率分别为 0.9 和 0.85,设发现目标的雷达台数为 X,则 $E(X) = ($ $)$.

    A. 0.765   B. 1.75   C. 1.765   D. 0.22

9. 设随机变量 X 的分布列如下表,且 $E(X) = 1.6$,则 $a - b = ($ $)$.

X	0	1	2	3
P	0.1	a	b	0.1

    A. 0.2   B. 0.1   C. -0.2 D. -0.4

10. 已知 $X \sim B(n, p)$,$E(X) = 2$,$D(X) = 1.6$,则 n, p 的值分别为(   ).

    A. 100,0.8   B. 20,0.4   C. 10,0.2   D. 10,0.8

11. 设一随机试验的结果只有 A 和 $\bar{A}$,且 $P(A) = m$,令随机变量 $\xi = \begin{cases} 1, A \text{ 发生}, \\ 0, A \text{ 不发生}, \end{cases}$ 则 ξ 的方差 $D(\xi)$ 等于(   ).

    A. m B. $2m(1-m)$ C. $m(m-1)$ D. $m(1-m)$

二、填空题

12. 甲、乙、丙三人将独立参加某项体育达标测试,根据平时训练的经验,甲、乙、丙三人能达标的达标的概率分别为 $\frac{3}{4}$,$\frac{2}{3}$,$\frac{3}{5}$,则三人中有人达标但没有全部达标的概率为_____.

13. 甲,乙两人独立地破译 1 个密码,他们能破译密码的概率分别是 $\frac{1}{5}$ 和 $\frac{1}{4}$,则这个密码能被破译的概率为_____.

14. 为强化安全意识,某校拟在周一至周五的五天中随机选择 2 天进行紧急疏散演练,则选择的 2 天恰好为连续 2 天的概率是_____.

15. 有一道数学难题,在半小时内甲能解决的概率是 $\frac{1}{2}$,乙能解决的概率为 $\frac{1}{3}$,两人试图独立地在半小时解决,则难题半小时内被解决的概率为_____.

16. 一只海豚在水池中游弋,水池为长 30 m,宽 20 m 的长方形,此刻海豚嘴尖离岸边不超过 2 m 的概率为_____.

17. 化简：$(x-1)^5+5(x-1)^4+10(x-1)^3+10(x-1)^2+5(x-1)=$ _____.

18. 3^{2n+2} 除以 8 的余数为 _____.

19. 将容量为 n 的样本中的数据分成 6 组,绘制频率分布直方图,若第一组至第六组数据的频率之比为 $2:3:4:6:4:1$,且前三组数据的频数之和等于 27,则 $n=$ _____.

三、解答题

20. 在学校开展的综合实践活动中,某班进行了小制作评比,作品上交时间为 5 月 1 日至 30 日,评委会把同学们上交作品的件数按 5 天一组分组统计,绘制了频率分布直方图(如图所示),已知从左到右各长方形高的比为 $2:3:4:6:4:1$,第三组的频数为 12,请解答下列问题:

(1) 本次活动共有多少件作品参加评比?

(2) 哪组上交的作品数量最多? 有多少件?

(3) 经过评比,第四组和第六组分别有 10 件、2 件作品获奖,问这两组哪组获奖率高?

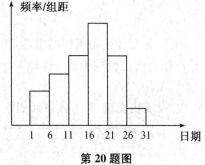

第 20 题图

21. 已知 $(1+m\sqrt{x})^n$(m 是正实数)的展开式的二项式系数之和为 256,展开式中含 x 项的系数为 112.

(1) 求 m,n 的值;

(2) 求展开式中奇数项的二项式系数之和;

(3) 求 $(1+m\sqrt{x})^n(1-x)$ 的展开式中含 x^2 项的系数.

22. 如图,$\angle AOB=60°$,$OA=2$,$OB=5$,在线段 OB 上任取一点 C,试求:

(1) $\triangle AOC$ 为钝角三角形的概率;

(2) $\triangle AOC$ 为锐角三角形的概率.

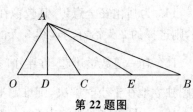

第 22 题图

23. 袋子 A 和 B 中装有若干个均匀的红球和白球,从 A 中摸出一个红球的概率是 $\frac{1}{3}$,从 B 中摸出一个红球的概率为 p.

(1) 从 A 中有放回地摸球,每次摸出一个,有 3 次摸到红球即停止.

① 求恰好摸 5 次停止的概率;

② 记 5 次之内(含 5 次)摸到红球的次数为 X,求随机变量 X 的分布率及数学期望 EX.

(2) 若 A、B 两个袋子中的球数之比为 $1:2$,将 A、B 中的球装在一起后,从中摸出一个红球的概率是 $\frac{2}{5}$,求 p 的值.

ISBN 978-7-305-22726-4

9 787305 227264 >

定价:42.00元